4項需求定位
認知的6層塔
10種必備思維
人脈和資源到手，
產業革新不怕沒搞頭！

跨界力

董佳韻──著

比斜槓更斜槓的創新思維

「斜槓」身分代表了多重的角色，那比斜槓更具突破性的全新格局，只能是「跨界」！

行銷置入 × 品牌巧思 × 資源整合 × 策略聯動

突破產業的壁壘，讓你的創意不可思議！

目錄

第 2 部分　如何擁有跨界力

第 3 章
掌握這三點，就能擁有跨界力

第 4 章
吃透「六層塔」，就能將跨界運用自如

第 3 部分　跨界類型

第 5 章
產品跨界：如何讓產品捕獲消費者的心

第 6 章
形象跨界：如何一秒脫穎而出，喚醒用戶關注

第 7 章
體驗跨界：如何打造出乎意料的驚喜

第 8 章
行銷跨界：如何讓你的創意不可思議

第 4 部分　著手跨界

第 9 章
需求定位：四個基本方面，精準定位跨界需求

第 10 章
對象鎖定：四種方法三大要素鎖定跨界對象，讓用戶上癮

第 15 章
跨界法則：六個不可不知的跨界法則

第 16 章
跨界雷區：這六個雷區千萬不要踩

第 17 章
跨界資源：如何有效累積跨界資源

附錄

自序

我知道一個令人雀躍的祕密，它能為我們帶來好運，還有我們想要的東西，包括生活和事業。

它曾經無數次帶給我意想不到的驚喜和感動。遺憾的是，過去我並不知道為什麼我能夠在每一個十字路口遇見那些貴人，更沒有意識到，原來我一直都悄無聲息地擁有這個祕密。

我有一個祕密

六年前，有一次我到外地幫公司經銷商處理庫存，同時策劃品牌活動，提升產品在當地的知名度。而我恐懼的是，自己在那個地方一個人也不認識。沒想到不到半天，我就找齊了所需要的全部資源。準確地說，是我得到了一連串陌生人的幫助。

2016 年，是我人生中最大的轉折點，許多事情都發生了變故。當人生跌入谷底時，我以為會體會到「人走茶涼」的感覺。沒想到的是，無論是堅持舉辦的跨界品牌分享會，還是 LADY DONG 全球視野女性論壇，這之後的每一屆都令我深受感動。我時常收到這樣的訊息：

「會長，有什麼我能幫忙的嗎？我可以早點過去。」

「佳韻，你路上不用著急，這邊有我呢！」

「佳韻，你這次的媒體稿件我包了。」

「佳韻，現場的伴手禮我包了。」

「佳韻，需要我做什麼你儘管發話。」

「佳韻，我去做志工吧！」

「佳韻……」

（嗯……寫下這些文字的時候，我哽咽了。）

自序

我問他們：「我何德何能得到你們這麼多的支持，何德何能被你們這麼信賴？」

我收到的只有幾個字：「因為你值得啊！」

於是，那幾年，我沒花一分錢，就和朋友們一起舉辦了 3 屆 500 人的女性論壇，還有眾多期的主題沙龍，幫助本地女性朋友聆聽到了許多知名暢銷書作家的分享。如美國洛杉磯前任副市長陳愉（Joy Chen）、德國本 · 福爾曼教授、暢銷書作者李菁和沉香紅……在邀請他們之前，我們從未見過面，也就是他們根本不知道董佳韻是誰。

然而，幸運和感動的是，他們都給予了我莫大支持。這裡面有太多的故事，如果你願意聽，有機會我會繼續分享給你們。

說起來很奇怪，我似乎有一種能量，總是能夠在重要時刻獲得許多的信賴和幫助。正如這本書能夠出版，就是一個又一個未曾謀面過的朋友的引薦。

突然想起一件事。在本書書稿剛剛完成的時候，我的筆記型電腦突然開不了機了，情急之下，我發了一個社群動態求救。

很快，一個朋友立刻打來電話，告訴了我所有的解決辦法。掛完電話，我的手機又收到酒店總經理李曉萍的訊息（我們剛認識不久），她直接讓公司技術部和我通了電話。剛掛完電話，李總（李曉萍總經理）又發給我一個叫王曉偉的名片，留言說：「這個朋友很專業，報我的名字。」

當天晚上七點，天空下著小雨，王曉偉開車來我家樓下拿走了我的筆記型電腦。兩天後，他就開車送了回來。巧的是，那天天空依然飄著小雨，大概老天和我一樣，都被感動了吧。

這樣的故事，這樣的感動，充盈著我的生活……

每次看到朋友們聚精會神聽我分享，目光中流露出羨慕和好奇的眼神，我都特別希望能將這一份幸運傳遞出去。於是，我決定向大家公開這背後的祕密——

「給。」

所謂「給」，就是一種換位思考，是一種很自然地優先為別人著想的思維方式，更是一種懂得如何幫助別人的能力。簡單來說，就是不僅要願意給，還要懂得如何給，同時要具備給的能力，這三者缺一不可。換句話說，這裡面包含著洞察力、善良、熱情、自我認知、資源整合、溝通力等一系列特質與能力。

祕密是如何發揮能量的

在傳播「給」這一祕密的過程中，我發現它在事業中的確給予了大家非常強大的力量。

一位朋友興高采烈地打來電話告訴我說，她終於和她非常喜歡的一家知名企業合作成功了。有趣的是，對方之前從來不跟其他人進行類似的合作，但她們第一次見面就敲定了合作細節。

這位朋友當時在某家連鎖洗衣店擔任市場總監。記得我們第一次見面時，她曾說自己很迷茫，不知道洗衣行業該如何突破和創新。我很好奇她究竟是怎樣打破對方底線的？

她說，一開始她也不清楚，直到事後對方負責人跟她說了這麼一番話：「你知道嗎？其實我們一般是不輕易跟別人合作的，更何況我們是第一次見面。但你知道為什麼我要和你合作嗎？」

她說：「不知道。」

對方負責人說：「就是因為在我們第一次聊天時，我覺得你真的太真誠了，你不斷地說你還有什麼可以支持我們，你還能為我們做什麼，甚至有些是你的個人資源。說真的，你是我遇到過的第一個在談合作時，這麼不像談判的合作夥伴。當時我就馬上決定，一定要跟你合作。」

接著，我的這位朋友對我說：「我一直記得你講的一句話，我印象特別深。」

「哪句話？」我問道。

自序

「能給的資源要盡量地給。」聽她這麼一說，我沒忍住，哈哈地笑了起來，心想這句話挺「佳韻」風格的。

「說真的，你這句話與大家通常理解的談判技巧完全不一樣。一開始我對這麼『傻』的做法也是半信半疑，但我用的這幾次全都收到了意外效果。我太幸運了！佳韻，認識你太好了！」

我不太好意思地笑了。

再後來，越來越多的老闆和主管掌握了「好運」的祕密，他們的事業也突破了瓶頸，實現了更多的合作和創新。

- 一個新興的礦泉水品牌，本著「給」的精神，僅在一場跨界沙龍中，就增加了 5 個長期合作的知名品牌，且收穫了 6 筆訂單。
- 一個創業做國際少兒舞蹈學校的朋友，在一場跨界沙龍中，熱情地幫助其他會員獲得資源後，意外地收到了大家為她即將舉辦的大賽所提供的總價值 50 萬元的贊助。
- 一個新進入本地的計程車品牌，其負責人從沒有人脈，到迅速和 10 家知名品牌成功合作，在一個月內便迅速打開了本地市場。
- 一個乳飲品牌以超低成本價，為一個滷肉店品牌提供新品作為活動贈品，結果 9 天時間裡，不僅讓滷肉店的店面營收增長了 21 萬元，而且該乳飲品牌既消化了庫存，又達成了更多顧客對新品的體驗，實現了雙贏。
- 一個本地知名的連鎖餐飲品牌，為他們的顧客提供了超出期待的服務和驚喜，獲得了極好的口碑，成為所在餐飲街最紅的品牌，在別家生意冷清的情況下，他們的門前卻排起了長隊。

……

不止如此，還有許多朋友的人生也發生了逆轉。

我身邊有許多朋友的人生都令人羨慕，他們遇到困難時，總是有很多人伸手去幫助他們，而且幫得義無反顧、毫無所求。

我想分享給你的是：沒有人會拒絕真誠的、善良的、美好的人。

這就是我在本書中想要送給你的第一份跨界禮物：一份關於「好運」的祕密。

為什麼要寫這本書

除了「給」的能力外，在本書中，你還會經常看到這樣的思考：突破原有邊界，以及十種跨界思維中最常用到的用戶思維（換位思考）。這些思想能夠幫助你提升解決問題的能力，激發你的創意，引領你嗅到一些特別的機會。這種突破原有邊界的內在力量，就是跨界力。

在這個時代，唯一不變的是變化。

公共自行車出現的時候，自行車變得不太好賣了；外送行業興起之後，餐飲實體店的銷量受影響了；手機叫車出現之後，計程車行業受波動了；線上購物越來越便利，線下實體店的生意越來越難做了；手機的拍攝功能越來越強大，普通相機銷量下滑了……

其實，不僅如此，很多行業都在變。銀行自助體系和線上支付越來越方便、安全，銀行櫃員越來越少了；餐飲店多了自助點餐系統，服務生數量明顯減少了；企業裡專職負責打字和影印的崗位已經基本不存在了……隨著科技、網路和社會的飛速發展，各行各業的工作崗位會越來越少，更多的人面臨著資遣或者轉行的危機。

然而，與此同時，我們不僅發現了 —— 瓜子品牌出面膜、糖果品牌出護唇膏、食用油品牌出卸妝油、音樂品牌開酒店、香水品牌出雞尾酒、輪胎品牌跨界餐飲、洗衣店裡開咖啡館、圖書出版社跨界影業、銀行跨界書店、書店跨界電影院……還發現了 —— 主持人跨界潮牌、歌手做演員、演員開餐廳、教師辭職創業、主管成為斜槓青年、旅行家同時也是攝影師和作家……我也一樣，既寫書，又講課，還做諮詢和經營平臺。我們每個人都有了更多重的身分。

自序

那麼，問題來了 ——

- ◆ 為什麼有些企業願意去跨界並且跨界成功，而有些企業則不去跨界或跨界失敗？
- ◆ 為什麼有的人生精彩紛呈，而有的人生卻猶如囚牢？
- ◆ 為什麼有的人能夠自在面對人生困境，而有的人則時常被問題卡住？

這是過去我一直在思考的問題，也是本書的由來。有差別就一定有原因，找到原因，我們就能夠設計一座「橋梁」，找出問題的答案。

隨著研究的深入，我發現，擁有跨界力是一種相當獨特而又省力的生活方式，它不僅對我們的事業有極大的幫助，更會引領我們過上自在的生活。

我真心地希望這本書能夠幫助到那些暫時身處瓶頸的朋友，讓我們一起「看見」更多的可能。我也期待著未來不久後，你能成為一名跨界實踐官，並能夠幫助更多處在困境中的朋友實現跨界夢想。

我們每一個人都是如此的優秀，期待我們大家都能成為自己人生／事業的設計師，真心地祝福你的生活、事業、愛情終將圓滿！願你此生，溫暖而又自在！

董佳韻

第 1 部分　為什麼要擁有跨界力

第 1 章
什麼是真正的跨界

有一次，我身為分享嘉賓應邀出席一個峰會論壇，主持人忽然問我：「你覺得跨界難嗎？」

我想了想，說：「跨界很難，但也不難，難的在於當你不懂跨界、沒有資源、沒有跨界思維、沒有與你一樣具備跨界力的合作夥伴時，孤掌難鳴；說它不難，又在於當你具備了跨界力，你就可以創意迭出、事半功倍，突破很多盲點，擁有很多選擇權，活得自由自在。」

「聽起來好神奇。那究竟什麼是跨界力？」主持人好奇地問道。

要解釋跨界力，就要先弄清楚什麼是跨界。

1.1 跨界是什麼

說實話，雖然大量的案例和事實都證明了跨界的存在和其非凡的價值，但每當有人問我到底什麼是跨界時，在對跨界研究的初期，我居然無法簡單地用一句話來描述它。

這是真的。

於是，我不斷地探索和找尋能將跨界解釋清楚的一句話。我將收集來的各個線索進行了整理和研究，下面兩個定義是我個人認為比較有代表性的。

- **版本 1**：跨界是指以共享資源為前提，以消費關聯為紐帶，以提升效益或市場發展為目標而展開的系統性合作。
- **版本 2**：跨界是指突破原有行業的慣例或者常規，透過融合其他行業的理念和技術，實現創新和突破。

隨著研究的深入，我又覺得這兩個概念比較片面，無法展現真正的跨界內涵。嚴格來講，第一個版本屬於「跨界合作」的定義，第二個版本偏向於創新和整合。然而，人生就像是一個球形體，不僅有事業，還有生活、關係、情感、興趣……因此，這些版本無法代表跨界在人生中全部領域的含義和價值。

直到有一天，我恍然大悟：其實，「跨界」這兩個字，本就是它最好的解釋，何必捨本求末？所有韻味都蘊含在這兩個字裡面，也就是 —— 什麼「界」？怎麼「跨」？

在事業中，「界」有可能是行業之間的邊界、企業之間的邊界、企業內部部門之間的邊界、地域的邊界、時間的邊界、品牌之間的邊界、品類之間的邊界、創意的邊界、經驗／慣例的邊界、人群的邊界……

而在人生其他領域，「界」有可能是思維的邊界、眼界的邊界、能力的邊界、認知的邊界、角色的邊界、習慣的邊界、關係的邊界、心靈的邊界、規則的邊界……

因此，所謂「跨界」，就是有選擇地突破固有邊界的局限，重塑可能，獲得自在。而後八個字正是跨界的非凡價值所在。

但是，我必須在此鄭重強調的是，看不見的「界」有很多，每個人在不同領域都有可能存在著邊界的概念，但並不是所有的「界」都可以跨，也不是所有的「界」都有必要跨。

有些「界」是種保護，有些「界」是座監獄，正如有些規則（法律、組織規章等）人人必須遵守，它保護著整體運作的協調統一；有些規則（企業文化、不合理的制度等）則需要不斷更新，以適應不斷變化的外界。

我們提倡的是，跨越那些禁錮我們的視野、封鎖我們的創意、阻礙我們成長的「監獄型」界限。

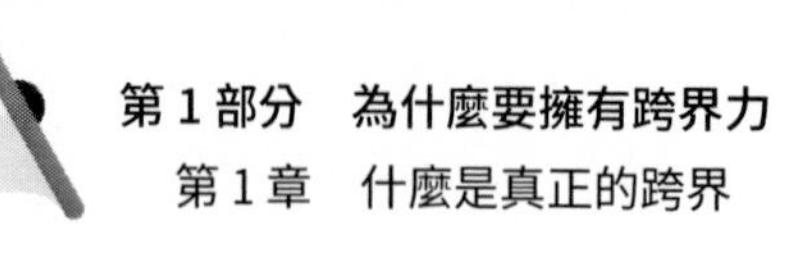

1.2 跨界力能帶來什麼價值

講清楚了什麼是「跨界」，「跨界力」也就容易理解了。

跨界力，就是突破原有邊界的內在力量，是當下最適合我們這個時代的生活和成長方式。

「這怎麼變成了一種生活和成長方式呢？」[01]

其實，不止你一個人會這麼以為，我想告訴你的是，跨界的價值遠遠不止是我們看到的那樣。有可能我們以為只是在做一個創意，在做一個品牌聯合，卻一不小心為我們個人的未來，為整個公司，乃至為整個社會做出無法估量的貢獻。

01 你有可能為社會創造了價值

- **學術上的創新和發展**：《生命是什麼》被稱為「喚起生物學革命的小冊子」，是由物理學家薛丁格在 1943 年出版的。我們熟知的犯罪心理學、超市擺設設計、領導力課程等，就是心理學和法學、經濟學、管理學等學科的結合。
- **技術上的創新和發展**：觸控螢幕的技術，最早是應用在軍方和工業技術領域的，後來才廣泛應用在了手機、電視、醫院、KTV 點歌臺等領域。還有 AI 人工智慧，被廣泛應用在了汽車、智慧家居、兒童教育、酒店服務等領域。
- **生活的便利**：有了外送平臺、叫車平臺、旅行平臺、行動支付平臺等各大平臺，我們的吃喝玩樂、衣食住行都更加便捷。還有，日常可見的品牌活動、節慶活動，也大大提高了人們生活的幸福指數。
- **社會的安全和諧**：擁有跨界力，能夠讓我們擁有解決問題的能力，並在

01　本書中存在多處這樣的設問形式。這些疑問是站在讀者角度提出來的。

一定程度上幫我們減少憂鬱、焦慮或極端事件的發生。例如，失業的人有更多能力重新開始。

02 你有可能為公司創造了價值

- **節約成本**：基於跨界合作，你有很大的可能為公司節約必要的和不必要的成本，例如，基於你在跨界圈的人脈，你獲得了行業的精準資訊，減少了花冤枉錢的機率；或者基於你的價值和口碑，你拿到了很特別的價格，節省了大量成本。
- **創造增量**：很多品牌透過跨界合作帶來了品牌曝光、品牌創新、人格化塑造、市場占有率、用戶喜好度、用戶黏著性、銷售量、傳播度……例如，杜蕾斯、可口可樂、宜家等（本書後面章節中有具體案例介紹）。

03 你有可能重塑了個人生命形象

- **事業成長**：基於優秀的跨界案例，身為職業經理人，你的職業履歷會相當亮眼；身為創業者，你的事業會事半功倍地前進。你會獲得成就感、尊重、行業口碑、更多機會、個人魅力和吸引力、金錢回報等。而這些，不正是我們一路在追尋的價值嗎？
- **關係成長**：身為跨界者，你懂得角色切換，懂得覺察，懂得溝通，擁有彈性，你會獲得更舒適和更真摯的社交關係、更良性且更和諧的家庭關係、更滋潤和更溫暖的親密關係，而這些，不正是我們人生終極追求的快樂嗎？
- **內在成長**：擁有跨界能力的你能在很多場景下坦然自若，遊刃有餘地處理問題，看到事情的更多面，探索到更多可能性，對自己的生命和人生擁有更多的掌控力、選擇權，而這些，不正是我們一直渴望的自在嗎？

我可以肯定地告訴你：擁有跨界力的人生和不具備跨界力的人生是截然不同的。

有的人在遇到問題時，會 A 路不通找 B 路，B 路不通找 C 路；而有的人則會把「不可能」、「你自己看著辦」、「沒辦法」掛在嘴邊。有的人和孩子在一起，會願意放下所有的身分，玩耍得像個孩子；而有的人，則習慣了用事業中的面孔面對父母、伴侶、孩子，他們永遠遵循「我不要你覺得，我要我覺得」。

第 2 章
這些領域竟然都藏著跨界的祕密

社會、公司、個人，我們每個人都在為社會創造著價值。那現在我們就來看看，在具體的一些領域，我們可以運用跨界思維和方式創造出怎樣的出乎意料和與眾不同。

2.1 行業進程：出版業為什麼沒有發現薛兆豐

知名經濟學家薛兆豐在「得到 App」的課程銷售突破 6,000 萬時，有人提出了疑問：「為什麼出版業沒有發現薛兆豐？」

事實上，恰恰相反，薛兆豐老師自 2002 年起就陸續出版了幾本經濟學書籍，只不過，直到透過線上課程的形式，薛老師才被更多的人知道。知名暢銷書作家張德芬老師在其第一本書《遇見未知的自己》在臺灣地區熱賣之後，曾拿著書到大陸尋找出版社，結果四處碰壁，直到這本書在大陸熱賣之後，一些頗有規模的出版社才紛紛找上門尋求合作。

這樣看來，好的內容要如何傳播給讀者，是讓讀者認識更多「薛兆豐」的關鍵，也是出版社緩解成本和業績壓力的關鍵。如果把圖書視為產品，那麼大多數出版社承擔的是產品設計和生產的環節，銷售則基本上都是由書店（包含線上圖書商城）來負責。

如果今天我們跳出來看，可以將出版社視為一個大的品牌，只不過在它之下又孵化出了一個個子品牌和產品。就像我們熟知的可口可樂公司，旗下擁有可口可樂、雪碧、美粒果、芬達……而作者的圖書作品就像是這些產品，傳統的出版社就像是這些產品的研發和生產商。而現在，擁有非凡跨界力的出版社需要兼顧研發、生產、營運、市場、品牌整條流水線的工作，來讓產品被消費者喜歡和購買。因此，必須關注前端，才能帶動後端。

一家出版社的社長說，他們一年賣出 3,000 萬冊書，卻從不知道都賣給了誰。如果按獲客成本來算，這些消費者的價值至少值好幾億。薛兆豐老師的故事也說明，有一件事是值得傳統出版業突破的，那就是「與用戶連結」，即走近消費者，走進消費者。

薛兆豐老師的新書發表會辦在了某個菜市場，這一舉動一下子引起了很多媒體的關注。還有的出版社與文創品牌推出系列文創產品、與建設公司合作移動圖書館、與汽車和餐飲品牌合作知識體驗、與影視及音樂平臺合作創作……出版社是內容服務商，內容是其最重要的部分，但內容的呈現形式、傳播方式卻有更多的玩法。

我想再提一個距離讀者最近的環節 —— 書店。

目前，大量的書店處於負盈利狀態，有的書店老闆跟我聊天的時候，心裡十分苦惱。

我問他們：「你們有沒有把書店的粉絲經營起來？」

答：「沒有。」

「那人們來買書打折嗎？」

答：「一般不打折，本來利潤就少。」

「平常企劃做得怎樣？」

答：「沒人擅長啊，你幫我招點人吧。」

所以，你覺得人們為什麼來這裡？這正是書店要解決的核心問題。而出版社要解決的則是：讀者為什麼買你出版的這本書？書店／其他管道為什麼要銷售／推廣你發行的這本書？也就是說，你的價值和你所給予對方的支持是什麼？

對讀者而言，出版社不只是企劃選題、印刷文字的地方，書店也不只是一個買書的地方，出版社還可以是一個有定位的品牌，書店也可以是一種生活方式（或者是具有獨特意義的空間），它們的內核便是我們賦予它們的定義。

我始終覺得，出版社既是作者的伯樂，也很像是經紀人公司。我相信再新穎的知識付費形態都無法取代紙質書，而現在正是出版業跨界的最好時機。

延伸思考：

如果你是出版社的社長，或者是書店的經營者，你會怎麼做呢？

2.2 學術領域：《生命是什麼》竟然出自一位物理學家

「跨界」，似乎是我們這個時代才有的產物，尤其是這幾年，被提及率越來越高。但事實上，在人類文明進程中無時無刻不在演繹著跨界的大作。

自達爾文於 1859 年發表《物種起源》之後，很多學者繼續深入研究物理學、生物學、化學，並開始進行跨學科的交流和合作，人類對生命學的研究有了突飛猛進的發展。其中有一本重要的著作《生命是什麼》（*What is life*），作者就是大名鼎鼎的奧地利著名物理學家埃爾溫．薛丁格（Erwin Schrödinger）。

很多人知道薛丁格，是因為他那隻非常著名的「薛丁格的貓」。他在 1935 年提出了有關貓生死疊加的思想實驗，渴望能從物理學角度去理解生命究竟是什麼。

1932 年，量子力學創始人丹麥著名的物理學家玻爾（N.Bohr）提出，要把生物學研究深入到比細胞更深的層次中去，試圖建立基因量子力學圖像。1933 年，玻爾的學生德布呂克（M·Delbrück）與生物學家雷索夫斯基（Ressovsky）、物理學家齊默（Zimmer）合作，在 1935 年發表了論文〈突變和基因結構〉（*On the Nature of Gene Mutation and Gene Structure*），發展了靶學說（Target Theory），即基因包含於微觀體積（邊長為 10 個原子距離的立方體）。

在此之後，物理學家薛丁格在 1943 年出版了《生命是什麼》（*What is life*），這本書被稱為「喚起生物學革命的小冊子」。薛丁格用熱力學和量子力學來解釋生命的本質，說明了有機體的物質結構、生命活動的維持和延續、生命的遺傳和變異等問題。

還有一個有趣的實驗。

史丹福大學心理系主任馬克．萊博（Mark R. Lepper）和他的研究生們在學校附近的超市做了一個果醬的擺設實驗：當攤位上擺放了 24 種果醬時，大約有 60% 的人駐足，而當只陳列 6 種果醬時，僅有 40% 的人會停留。顯然，商品種類越多，駐足的人也越多。但是，根據最終購買的數據來看，擺放 24 種果醬時，只有 3% 的人付費，而當陳列 6 種果醬時，則有 30% 的人付費。

常聽人說，當選擇恐懼症發作時，乾脆就放棄選擇。看來，並不是說隨著選擇的增多，就一定能帶來消費的增長，這就是「選擇悖論」。研究顯示，心理因素會影響人們的經濟行為，反之，經濟形勢和經濟狀態也會影響人們的內心動態。這就是心理學與經濟學中的跨界研究。

這一系列的研究來源於物理學家與生物學家、心理學與經濟學的結合。同樣地，我們常聽說的犯罪心理學、證人心理學就是心理學與法學的結合。而我們聽到的性格領導力、管理心理學，就是心理學和管理學的結合。如我們所見，學術之間的跨界融合創造出了非凡的應用價值。

延伸思考：

假如你是一位知識領域的從業者，不妨嘗試一下將你的理論知識和其他學術專業或者應用場景結合，也許你會發現一個非常有價值的新課題，引領一個新的領域。

2.3 問題解決：你的房間會說話

有一段時間，我天天想著怎麼對房間進行一個大的整理 —— 能多大就多大、徹徹底底的、翻天覆地的那種。整理時，我突然想起近幾年非常流行的居家整理術，於是將房間照片發給了一位整理師。沒想到，這位整理師三言兩語就把我當下的狀態和內心潛藏的想法解讀了出來，驚得我一邊震撼，一邊難為情。

我問她：「你是不是學過心理學？」

她說：「是的。」

在《看人的藝術》(*Snoop: What Your Stuff Says About You*) 一書中，作者山姆·高斯林 (Sam Gosling) 曾說：「有時與其聽別人說，不如看一看他的房間。一個人的居住環境、物品擺放都透露著這個人的內心世界。」這讓我想起了我的油畫老師，他總是能透過學員的油畫分析出他們的性格和當下的狀態。

能夠和心理、療癒相結合的整理術，比單純的整理術更加吸引人。整理術不僅是教你如何疊放衣服，如何收納物品，更重要的是對內在的整理、對關係的整理，以及對人生的整理。真正的斷捨離也是一樣，不是讓你丟掉東西，而是要明白如何取捨，而如何取捨的背後，是對自己整個人生價值觀的梳理。

後來，我建議她把心理學融合到她的整理術工作中，增加企業整理的項目，幫助提升企業管理和業績。不得不承認，一個環境更加整潔的公司更能獲得客戶的認可。

有一本書，叫《掃除道》。故事的主角鈴木先生是一家紙箱製造公司的老闆，他剛接手公司時，企業狀況一塌糊塗，生產環境雜亂不堪，不良產品堆積如山，收支情況糟糕透頂，員工狀態懶散頹廢，整個公司處於非常混亂的局面。後來，鈴木先生將「掃除道」引進公司，先從廁所打掃開始，以實際行動慢慢地感染公司員工。經過一段時間的努力，公司環境乾淨了，生產效率和利潤也都提升了，人際關係也變得和諧了，整個公司發生了根本性的改變，從陷入經營困境到逐漸發展成優秀公司。

還有一個有趣的故事。

警察抓了一個竊盜嫌疑人，在帶他去辨認現場的途中路過一處宅子時，犯罪嫌疑人說：「我本來打算偷這家的。」警察問：「那為什麼後來沒偷呢？」犯罪嫌疑人說：「我看這家太乾淨了，有一種威嚴感，就不敢進去。」

僅僅透過打掃，就能為企業發展、社會安全帶來好處，這完全與我們常規所理解的促使企業發展和社會安全的方法不同，包括那位整理師透過房間照片就能讀懂我這件事在內。這些故事的背後都是心理和行為相互影響所帶來的一系列變化，也就是說，我們不僅可以透過跨學科的理論和方法來解讀一件事，還可以透過跨學科的理論和方法來解決一個難題，而且，我們極有可能會獲得意想不到的收穫。

在自我認知領域中，有一些如生命密碼、DISC（人類行為語言）、人類圖、MBTI（邁爾斯布里格斯類型指標）、九型人格等相關的認知工具，不僅可以幫助我們改善戀愛關係、親密關係，還可以應用在團隊管理、應徵技巧、促進銷售等方面。而在提升領導力的課程中，也出現了各種新穎的主題，如情商領導力、性格領導力、心智領導力、NLP（神經語言程式學）技術等，這就是典型的多學科的跨界成果，簡單來講，就是「工具 + 目標」的公式。

只要你擁有洞察力和跨界力，就能捕捉並創造出更多有價值的方案，這就是跨學科的融合所帶來的新的機會點、競爭力。

延伸思考：

觀察一下你的房間，你是否能覺察到你當下的心理狀態？你還發現了哪些「會說話」的生活元素？

你是否嘗試過用其他領域的方法來解決你當下的問題？和家人、孩子溝通時，你是否嘗試過換種交流方式來達到同樣的目的？

2.4 品牌領域：為什麼你無法像他們一樣創造「新鮮感」

先來做一個小測試。

以下事情你是否做過？

◆ 你有沒有塗過肯德基脆皮炸雞味道的指甲油？
◆ 你有沒有喝過花露水味道的雞尾酒？
◆ 你有沒有住過鐵達尼號船型的電影酒店？
◆ 你有沒有在咖啡廳裡洗過衣服？
◆ 你有沒有噴過必勝客披薩口味的香水？
◆ 你有沒有戴過麥當勞的漢堡鑽戒？

如果你回答的「是」超過一半，那麼恭喜你，你一定是一個追求生命全新體驗的超級潮流引領者。如果你回答的「否」超過一半，那麼恭喜你，你的世界還有大把的精彩在等著你去體驗。

「可是，上面這些都是大公司，如果我只是一個普通公司的主管，或者一個小小的創業者，我還能做到嗎？」

首先，我想肯定地告訴你：「你可以。不過，很重要的一點是，你必須先打開你的腦洞。」例如，你是做餐飲的，你有沒有想過，讓你的餐飲店具備某種特別的風格？我指的不是裝潢風格，因為我們不太可能花幾十萬元去重新裝潢。那麼細節呢？你是否考慮過讓你的餐廳內的發票、餐桌配飾、點餐流程、服務員語言和服裝，以及你的日常客戶活動和社群創意等方面來一些新花樣？諸如融入某種新的元素，或者和其他品牌做一些有趣的合作？

其次，你要做的是，去大量收集國內外優秀的、有趣的、受歡迎的創意，無論是餐飲類的，還是非餐飲類的都收集來，你一定會有啟發。如果你說：「沒時間，我還是不會」，那麼有一個偷懶的方法就是 —— 把這本書的案例讀完，做延伸思考。

最後，你要做的就是 —— 行動。聽起來很簡單對嗎？不，這兩個字太難了！在我服務過的企業中，很多就是卡在了行動上。

也許你會說：「大公司資金雄厚，我們小公司比不了。」別擔心，有一個邏輯你可以參考：大企業的活動範圍通常是全國。如果你經營的是家餐廳，你的範圍本來就小，就只是你的這間門市而已，那你的行動門檻其實並沒有那麼高。

對於那些開支較大的環節怎麼辦？你完全可以選擇用適合你的方式替代。麥當勞出了一個跨界單品 —— 鑽戒，那麼，你可以出銀飾，或者布藝手工也可以。對於別人的案例，核心在於參透其背後的邏輯和創意點，然後變換成適合你自己的方式。畢竟完全照搬，一來並不雅觀，二來也未必適合。

相信我，你也能創造那些出乎意料的創意，祕密就是「腦洞 + 案例 + 行動」。趕快去嘗試吧！

延伸思考：

你的產品或品牌是否有可能嘗試創造一些令人驚嘆的創意？你為孩子準備的晚餐和禮物是否有可能來點與眾不同的花樣？

2.5 社交領域：這麼重要的場合，她卻輸在了一個動作上

我想起一個很值得分享的故事。

在我們的跨界品牌分享會中，有一個「自我介紹初相識」的環節。這個環節非常有趣，因為你能從中讀到很多資訊。不過，我說的不是他們介紹的資源，而是他們在自我介紹的過程中，從表情、語氣、姿勢、表達方式中所傳遞出來的訊息。

有一次，活動結束後，一位老會員說她注意到有一位來自某知名企業的市場負責人，她在自我介紹環節始終有一個姿勢：雙手抱臂。這位老會員

說，這顯然是和員工開會時的姿勢，而且她的語調是向下的，讓人聽起來很不舒服。她對這位市場負責人的最初印象並不是很好。

此外，我還注意到了一點，這位市場負責人在發言期間時常清喉嚨，聲音經話筒傳遞出來後更讓人覺得不舒服。她這麼做有可能是為了掩飾發言時的緊張，不過，如果清喉嚨時能稍微轉一下頭，離手中的麥克風遠一些，就能更好地照顧到其他人的聽覺感受。

我們在無意識狀態下，很容易忽略我們的體態和語態。我相信她的抱臂動作和清喉嚨都是無意識的。然而，這些我們在無意識中傳遞出的令人不舒服的信號，很容易被人解讀為對別人的不尊重。而尊重感，在許多情境中都像是一個無聲的按鈕，能讓別人喜歡你，或者，不喜歡你。

從心理學角度來看，有些看起來的「不尊重」（故意的或者無意識的）只是為了掩飾內在的緊張或內心的弱勢。當一個人感覺自己處於弱勢時，通常會在語言和行動上表現出一些強勢或誇張的行為，透過打壓對方以盡可能地減少地位的落差。

優秀的人則能夠很清晰地知道在什麼場合中擔當怎樣的角色，並能留意自身的行為是否與之匹配。

在公司，你是主管；在交流會上，你是新朋友；在家裡，你是伴侶、是父母；在長輩面前，你是子女；在同學聚會上，你是老同學；在課堂上，你是學生。在不同的場合，你需要及時切換並找準自己在當下的角色，也就是你需要擁有一種對角色的認知和轉換能力。

之後，你才知道該使用什麼技能來適應不同的場合。例如，在社交場合中，你需要具備公眾演講的語言組織（結構化思維）能力、形體表達能力、聲音傳遞能力（你的聲音是否清晰、是否聽起來令人舒適）、微表情覺察力（你要分辨得出來你的發言是否引起了大家的興趣，並能夠及時做出調整）、笑容親和力（是嬉笑還是微笑）。

這就是你在不同場景下的一種跨界力。

延伸思考：

你是否清楚地知道，在你經常出現的幾類場合中，你都需要具備哪些跨界能力呢？你是否能夠恰如其分地切換你的角色？

2.6 生涯發展：當你覺得「走不下去」時

不知你是否也曾有過「走不下去」的無力感。

壓力很大，孤立無援，看起來目標越來越近，用了全身的力氣，卻總是觸不可及，越來越迷茫……這種感覺像是被蜘蛛網困住了手腳，看似有光，伸出手，卻只有黑暗。

嗨！抬起頭，看著我：

「你真的……無路可走了嗎？」

小時候考試沒考好不敢回家，感覺無路可走。可現在呢？我們早就覺得那些其實沒什麼大不了的。小時候覺得家裡的桌子很高，長大了就覺得桌子不過才到我們的腰。我們要做的只是 —— 讓自己長高。

老天為我們準備了許多份「增高」的禮物，只是有些包裹著幸運的外衣，有些包裹著痛苦、失望、無助的外衣。打開這層外衣，你就能看見真正的禮物。貴人指引、被動辭職、親人離世、戀人分離、事業失敗……大量優秀的人，都是在人生的轉折點重新認識了自己，找到了自己，最終逆風飛揚、乘風破浪。

「什麼時候是轉折點？」

有些時候看似無路可走，其實，還有一條路就是我們自己 —— A 路不通，轉身看看還有沒有 B 路，B 路不通，別忘了問問身邊的人有沒有 C 路可以走。

有一次，有一個絕佳的合作機會，我分別告訴了 A、B、C 三人，A 一邊想參與，一邊說正在做一個專案，時間衝突；B 蹦跳著說這個機會太難得了，可是他的關鍵負責人 D 正在補眠，手機始終未接；C 推掉了當天下午的所有安排，孤身一人跑到外地參與了這次行程。

最後，C 不僅接到預期的合作，還額外結識了兩個非常關鍵的重量級人物，並受邀再次詳談。A 忙完問我：「還能去嗎？」我說：「來不及了。」B 懊悔地說：「真的是錯過了……」我說：「你完全可以直接去 D 家裡找他的，如果你忘了他家的地址，可以問他同事……」。

其實，這個世界上沒有那麼多的絕路，卻有許多絕處逢生的機會。

當然，如果你真的不想在這條路上「逢生」，那就想想你究竟是誰？你想要的是什麼？你擅長的是什麼？你喜歡的是什麼？然後移除你身上的枷鎖。

哪些枷鎖？就是你身上對身分、地位、金錢、確定性等因素的枷鎖。

- 如果你一直認為你就是一個主管，緊盯 KPI，你是無法了解到你真正的熱情所在的。
- 如果你認為你就是某個階層地位的人，你是無法從零開始的。
- 如果你認為你就只是需要大量的金錢，你是無法感受到金錢以外的幸福的。喬舒亞說，雖然他在美國的年薪是六位數，但他依然入不敷出，他以為買豪車、豪宅、參加各種聚會就能讓內心充實、幸福，結果卻適得其反。
- 如果你認為你不得不忍受著煎熬繼續處於當下的工作或生活狀態，每天抱怨著要辭職，要換個活法，卻遲遲沒有動靜，你是無法真正實現你心中想要的那個狀態的。畢竟未來是未知的，而掩蓋於當下的那份小的可憐的舒適卻是確定的。

想要什麼只有我們自己知道，然而我們擅長的東西遠不止我們以為的那些，如果真的不擅長，那就從現在開始，努力在一件事情中成長出多種能力，以備在無路可走時，還能有很多的選擇，而這些就是跨界力的養成之路。

「我不知道我熱愛什麼，怎麼辦？」

別急，很多人都不知道自己真正想要的是什麼，真正熱愛的是什麼。你可以問自己一個問題：「如果你完全不用顧及金錢的問題，你最想做些什麼？」

「不知道。」

沒關係，進一步問自己以下幾個問題。

- 你上一次真正感到興奮是什麼時候？
- 其他 5 次類似感受的經歷是怎樣的？
- 你在以上經歷中為何會感到興奮？
- 哪次經歷讓你興奮了最長時間？
- 這些令人興奮的事情之間有共同性嗎？

讓你最激動、興奮感維持時間最久的事情很可能就是你的興趣所在。我所指的興奮，是從心底湧現出來的愉悅感。

接下來，你可以開始人生的下一段旅程了。我總結了進入新階段的幾種方式，具體如下。

- **跨行**：放棄 A，轉向 B。其中包括跨職位（如從會計轉向行銷）、跨行業（如從警察轉向獵頭）、跨身分（如從主管轉向作家、全職媽媽）等。
- **斜槓青年**：同時擁有 A、B、C、D 不同角色（如既是演員，又是作家，還是攝影家、民宿老闆）。
- **T 型發展**：以 A 為核心，同時發展 A1、A2、A3（如在市場領域的企劃、品牌、產品、媒體、公關、客服、設計等職位全方面發展）。

你看，你的路，何止一條呢？

王瀟說：「35 歲，我可以用未來的時間去成為任何人。」而你，也可以從現在開始走向你期待的方向，正如羅永浩所說：「以自己期待的方式活著，就是成功。」

延伸思考：

你想成為什麼樣的人？你是否有一直渴望卻不敢嘗試的事情？你內心害怕的究竟是什麼？

2.7 個人發展：一個普通 HR 的逆襲

在你眼中，HR 是做什麼工作的呢？

人力資源規劃、應徵、績效、薪資、培訓、勞動關係，這是 HR 工作的六大範疇。除這些外，你或者你身邊的 HR 朋友還做過哪些工作呢？

我有一個女性朋友，她是我們資源分享會裡唯一一個 HR。由於之前的職業經歷，我認識了一些獵頭和 HR 的朋友，偶爾也會邀請他們參加我舉辦的其他活動。大部分人都是在結識了一些新朋友之後，就沒有然後了。但她不一樣，她向公司申請資源，和這些品牌嘗試合作。

我記得有一場沙龍，主動和她合作的品牌超過 10 個。有時我們會開玩笑地說，她是「HR 裡最有市場人思維的，是市場人裡最專業的 HR」。後來，當公司開始設立子品牌餐飲公司時，她也受邀成了股東之一。憑藉她的跨界資源和跨界頭腦，那家新店的生意非常的好。

看到這裡，你還會覺得跨界力只屬於市場人嗎？

下面，再來看一個出色的 HR 是如何解決離職率高這個問題的。

美國有一家生產拖拉機的公司，名為約翰迪爾（John Deere），曾有一段時間員工流失率非常高。後來，該公司的人力資源部門提出了一個解決方案，獲得了大家的一致認可，那就是要重新打造員工入職第一天的體驗。

在你入職當天，從停車場走向公司的路上會有一個大的螢幕，上面赫然寫著歡迎詞：「歡迎 ××× （你的名字）正式加入公司……」等你推開公司大門時，映入眼簾的是一個展示架，上面寫著歡迎你的訊息。大家會親切地

向你打招呼，之後會有一個同事帶領著你參觀公司，並向同事們熱情地介紹你，每個部門的人都會站起來與你握手並歡迎你。過了一會，公司的主管會走向你主動做自我介紹，並約你明天一起共進午餐。之後還有人帶你去看公司的展覽，聊公司的發展並使你熟悉工作，同時還會送你一份禮物（公司精緻的拖拉機小模型）。

如果你是這家公司的新員工，入職第一天過後，你會是什麼樣的感受呢？

我想分享給你的是，僅這一項舉動，就使該公司的員工滿意度大幅提升，員工流失率大幅下降。這就是一個非常好的跨界思維應用案例，這家公司的人力資源部找到了一把獨特的解決難題的鑰匙。

只要你具備跨界力，任何職位均可以跨界。這個能力更將成為你立足於職場，在行業內擁有個人影響力的助推力。

下面再舉一些其他職業身分的例子。

- 一位設計師，因為懂心理學，更懂他所服務的客戶的行業，因而更容易設計出令客戶滿意的作品。
- 一位人像攝影師，因為懂得美學、色彩學、服裝搭配、心理學，以及與拍攝主題相關的背景知識和技能，這使他擁有獨具慧眼的發現美的角度和嗅覺，他的作品和口碑總是非同一般。
- 一名兒童攝影師，由於懂得與孩子溝通的技巧，懂得家長的心理，因而他的工作更容易取得進展，他也更容易獲得客戶好感（你有沒有想過增加一些附加價值，如根據家長和孩子在攝影期間的互動、孩子的表現做些什麼？這是否將有別於其他攝影公司？或許你可以嘗試一下）。

延伸思考：

你是否在工作中，也有可能採取別的方式創造更有價值的成果？

第 2 部分　如何擁有跨界力

真正的跨界遠不止我們日常所理解的那樣，它的應用範圍非常廣泛而又多變，有時候它像水，雖無形卻可千變萬化；有時候它像病毒，一旦侵入你的思想，你生命中的各方面都會被感染，然後你就會開啟一段全新的狀態。這種狀態帶來的處事方式、思考角度、人脈資源、創意靈感……會令你自己也難以置信。

在第二部分，我們就來揭祕如何輕鬆獲得這樣的能力，以及在事業中如何透過跨界認知塔，找到我們自己在現實中可以實踐跨界的路徑。

第 3 章
掌握這三點，就能擁有跨界力

與跨界力有關的故事太多了。

每次分享時，總會聽到學員的感嘆：

「太厲害了，這怎麼想到的呢？」

「我怎麼就想不到呢？」

別著急，你也可以做到。

跨界思維、知識體系、跨界資源和人脈，這三點構成了你的跨界力，三者缺一不可。

3.1 10 種必備的跨界思維

我整理了 10 種我認為對提升跨界力非常有效的思維方式，即用戶思維、整合思維、全局思維、突破思維、逆向思維、長遠思維、關聯思維、發散思維、成長型思維、極致思維。

這些思維在全都展現在本書的大量案例中，這裡先做重點概述。

01 用戶思維：補一下口紅

用戶思維，也就是我們常說的「換位思考」，在事業中，就是以用戶為中心，站在用戶角度思考問題的思維方式；在關係中，就是同理心。

就像有些公司在設計產品時，以用戶的使用習慣和需求為核心，使用「傻瓜式」思想來設計。例如，「海底撈」為女士送髮圈；「美顏相機」開發出美妝功能、長腿功能。

我們都知道，只有懂得用戶的習慣、喜好、需求，才能更好地滿足用戶需求，讓用戶喜歡。問題是，我們做了嗎？

舉個生活中的例子。

請別人幫你拍照時，你有沒有發現，有的人會跪在地上提醒你整理一下頭髮，建議你補一下口紅，或幫助你調整一下動作。當你看到照片時，你會由衷地感激對方。而有的人只是迅速幫你拍完就算結束，可是照片裡的你，不是閉眼了，就是髮型有些凌亂，或者整個畫面都糊掉了。

可見，前者具有用戶思維，後者只是在完成「按快門」的任務而已。

02　整合思維：一跳一抓的創新

整合思維，就是一種站在更全面的角度，將多角度的思想觀點、多領域的相關元素整合於一體，獲得更具建設性的、創新性的解決方案的思維方式。

你可以整合上下游的資源（縱向），也可以整合水平的資源（橫向）；你可以整合資金，就是募資平臺；你可以整合人才，就像是各種設計師平臺、攝影平臺等；你也可以整合思想，實現學術上的突破、產品上的創新。像我們熟知的外送平臺、叫車平臺、知識付費平臺、跨品牌合作等，都是整合思維下的創新。

有一位魔術師收入不高，後來他的朋友建議他不要只把魔術當魔術來看，而是要挖掘其背後的意義和價值。後來，這位魔術師研發出了「21 個魔術讓孩子提升自信心」、「15 個搞定女孩的超級魔術」等系列魔術，還透過整合婚慶公司的資源，開發出了魔術婚禮。

看到了嗎？魔術不僅是魔術，更是自信力，是幽默和驚喜，是夢想的實現。

那麼，你的某個產品有沒有可能像這位魔術師研發魔術一樣，挖掘到一個獨特價值點呢？

整合思維，可以用四個字表示：一跳一抓。即跳出自身角度，著眼於更廣闊的視野範圍，抓取更多有效的資源（思想）放到你的籃子裡，然後進行有效的整合、融合和創新。

講到這裡你會發現，要具備整合思維，需要以全局思維和突破思維為基礎。

03 全局思維：360°的全觀

全局思維，即一種 360 度看問題的立體思維方式，從系統整體及其全過程出發，從客觀整體的利益出發，站在全局的角度看問題，想辦法，從而做出決策。全局思維要求你要對一個事物有多方面的認知。這種思維方式已眾所周知，在此不再進行贅述。

我們在本書後面提到的你需要平衡的八種關係、需求定位和峰終定律，就是全局思維的展現。在全局思維中，由於要平衡各方面的利益，因此也會展現用戶思維。

04 突破思維：兒時的夢遊仙境

突破思維，即跳出原有思維模式，打破常規慣例，突破思想邊界，用全新的角度來看待和解決問題的思維方式，其重點在於敢想、敢試、敢創新。

孩子的世界創意無限。記得我小侄子第一次切蘋果時是從腰部橫切的，他興高采烈地讓我看，他說這裡面有一顆小星星。《愛麗絲夢遊仙境》裡面有太多的片段充滿了奇幻色彩，誰知道作者是怎麼想到這些的呢？

有一次，我和小侄子一起在 iPad 上玩開餐廳的遊戲。遊戲界面裡，左邊一共有 4 個烤麵包機，他負責烤，我負責添加雞蛋和果醬，並上餐給客人。原本我們都是用食指點擊螢幕，每到客人多時，就手忙腳亂、應接不暇。

「姑姑，你看，我可以這樣。」

我低頭一看，他用食指和中指一起點擊螢幕，這樣一來，原本要點擊 4

下才能將烤好的麵包傳遞到加工臺，現在僅需點擊兩下就可以了，於是上餐速度大大提升。我也學他，將相似的訂單完成後再一起上餐，結果上餐效率大大提高，連過了好幾關。

有時，變換一下思維，找尋一個新的方式，就能解決當下的問題，或者創造出意想不到的吸引力。

本書中，後面會提到可以咬著吃的冰可樂（喝完可樂可以咬著吃冰塊做成的瓶子）、有藍牙功能的肯德基鍵盤餐巾紙（方便你的手指滿是薯條油漬時回覆手機訊息）、有讓競品幫其做廣告的快遞公司（這個腦洞太大了），還有可以當登機證的可口可樂（你用過嗎），以及可以打電話的瓶蓋等，這些新的產品全都會讓你不自覺地發出「哇⋯⋯」「天啊⋯⋯」的感嘆。

生活中也是一樣的。人生本就沒有劇本，誰都不知道未來會發生什麼，先敢想，然後勇於嘗試，才會發現另一份美好。這就是突破思維帶來的創新，也是以有限搏無限的智慧。

05 逆向思維：反其道而行

逆向思維，就是從問題的反面進行思考和探索的思維方式，也可以稱之為反向思維或求異思維。逆向思維的重點在於，當一條路走不通時，懂得適時地轉換思維方法或是看待事物的角度。這樣一來，一個人的劣勢有時會成為優勢，一次挫折會變成一次寶貴的歷練。

你可能也聽過下面這個故事。

一位母親有兩個兒子，大兒子賣草鞋，小兒子賣雨傘。這位老母親每天都愁眉苦臉，下雨時怕大兒子的草鞋賣不出去，天晴時又怕小兒子的雨傘沒有人買。一位鄰居開導她，叫她反過來想 —— 雨天，小兒子的雨傘賣得好；晴天，大兒子的草鞋賣得好。逆向思維讓這位老母親眉開眼笑。

再如，本書中提到我們總是渴望結識更多優秀的人，那麼，有沒有什麼辦法能夠讓他們渴望來結識你呢？我們總是渴望能回到過去，為什麼沒有想

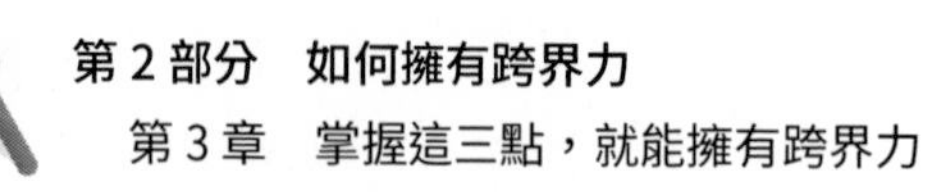

到現在的我們也許就是從未來穿越而來的呢？

杜蕾斯在感恩節當天主動在社群媒體上發了封感謝信給許多品牌，並@了他們，那些沒有收到感謝信的品牌，則選擇了主動向杜蕾斯發起感謝信。正常的洗髮沐浴產品的瓶口是朝上的，有的品牌則是瓶口朝下。這些都是逆向思維的展現。逆向有時也是一種突破。

06　長遠思維：時間的跨度

長遠思維，很好理解，就是一種以更具前瞻性和更長的時間跨度來看待問題的思維方式。與之相反的是只顧眼前利益或者只看到當下的「短視思維」。長遠思維的重點在於，跳出當下局勢，融入時間方面，將更遠的時間跨度融入思考因素當中作為決策的參考。

在本書中，我們將提到只辦了一次粉絲讀書會就撤掉所有物資的某個品牌，會看到市場表現在下降卻因依然處於市場排名第一而缺乏危機意識的某個品牌，以及為了收一點茶水費而損失掉精準客戶群體的某個瑜伽品牌。

相反，有些新品牌為了贏得更多的市場，選擇多種跨界合作，投入一定成本，優先提升知名度和用戶體驗感；有些品牌在合作夥伴出現危機事件時，選擇與合作夥伴共同承擔責任，解決問題在先，劃分責任在後。這些品牌之所以會這樣做，正是因為它們能更為長遠地看待彼此間的合作關係。

07　關聯思維：創意的來源

關聯思維，即一種從事物之間的關聯性出發來思考問題的方式。許多的創意靈感來源於不同事物之間的關聯，融合具備某些共同點的元素，借鑑其他領域的形式，思考與核心點相關的一系列因素，都將幫你創造出奇妙的跨界創意。

例如，宜家創意食譜的靈感來源於解壓繪本《祕密花園》；與 Emoji 表情巧妙結合的撞球；還有一些人在打造個人形象時，總會戴著一頂帽子，或是為自己塑造一個標籤。

總體來說，關聯思維，就像我們小時候在圖畫中「尋找共同點」的倒序，就像我們點擊滑鼠游標的「複製」和「選擇性貼上」（非「貼上」），就像我們都學過的聯想記憶法。

08 發散思維：「還有……」

發散思維，即一種根據已有資訊，從不同角度、不同方向進行思考，從多方面尋求多樣性答案，或者從一個點出發聯想到多個點的展開性思維方式。

我們常說的舉一反三、頭腦風暴，就是典型的發散思維的運用，與之相反的就是聚合思維。

在本書的後面，我們將列舉一些商品，尤其是所列舉的可口可樂暱稱瓶、歌詞瓶、臺詞瓶，每日 C 的拼字瓶、「Say Hi」理由瓶等跨界案例，就是由一個例子聯想到更多類似卻又各具特色的案例，此外我們還會列舉花藝店和地瓜店的創意，這些案例運用的也都是發散思維。

請注意，當這些詞語出現時，都表示思維正在發散中，例如「如果是……你可以……」、「你還可以這樣……」、「又想到了……」。

09 成長型思維：「Say Yes」

有一次，我和朋友帶了一個新朋友一起吃飯，這位新朋友是從事攝影後期製作的。熟悉之後，他告訴我們他在創業中遇到了困難，希望我和朋友幫他出出主意。

這頓飯吃到三分之二時，我開始感覺到不對勁。我們每嘗試說出一個想法，就會被他所提出的幾條否定的理由駁回，而且聽起來又無法反駁。於是一頓飯下來，有句話反覆出現在聊天當中：「哎，沒辦法，就這樣吧。」

我意識到造成他目前苦惱的，不是當下的事實，而是他的思維方式。

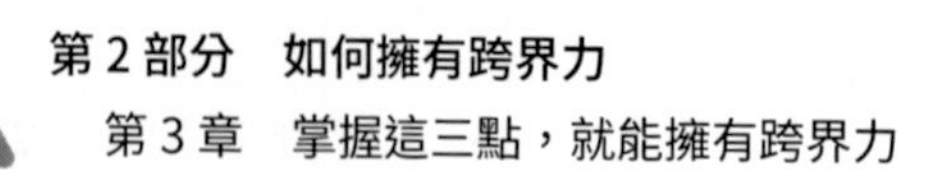

美國作家卡羅爾·德韋克（Carol Dweck）提出過人們的兩種思維模式——固定型思維和成長型思維。[02] 在跨界中，具備成長型思維的人，更有可能打破常規，發現本質、創造出乎意料的驚喜。

表 3-1 列出了固定型思維和成長型思維的特點。

表 3-1 固定型思維和成長型思維的特點

固定型思維	成長型思維
規避挑戰	迎向挑戰
痛恨變化	擁抱變化
總是關注限制	總是尋找機會
改變現狀上無能為力	凡事皆有可能
不接受批評	珍視反饋、主動學習
喜歡待在舒適區中	喜歡探索新事物
有時覺得努力是無用功	每次失敗都是一堂課
認為無須自我充實、學習	認為學習是終生的事業

在人際交往中，讓人舒服的往往是具備成長性思維的人，那些被稱作「木頭」、「固執」、「油鹽不進」的人，以及喜歡說「學（做）這個有什麼用？」、「就這樣吧。」、「沒辦法。」、「這是不可能的。」的人，大多是固定型思維的人。

如果有一天，你向朋友分享你想要嘗試的改變或創意後，得到的回覆是否定的，請相信還有其他朋友會支持你。你可以這樣做：

◆ **接納**：真誠地接納朋友的建議，並了解清楚緣由。可能他說的是對的，也可能只是隨口一說，或是受限於他自身的認知（包括對你的認知）。

02　具有成長型思維的人，認為人的能力是可以努力培養的，他們更注重學習方法，更願意關注解決方法，善於從錯誤中獲得經驗和成長，而非逃避問題。為了實現目標，他們願意不斷地嘗試調整方案，不會輕易放棄，不會認為事情是一成不變的，他們更願意說「好的」，更願意「試一試」。

◆ **不要氣餒**：如果這件事情有必要做，想一想有沒有可能採取別的方式來實現。你的朋友實現不了的事情，你未必無法實現。

10 極致思維：超越用戶期待

極致思維，我們也常稱之為「匠人精神」，就是將產品、服務和用戶體驗做到極致，超越用戶期待。

我們將在本書中提到長頸鹿玩偶在麗思卡爾頓酒店「旅行」的故事、4P2C 拍照法則等，這些都是極致思維的展現。在這些案例中，人們感受到了更多出乎意料的驚喜、極致貼心的服務，最終不由自主地愛上了這個品牌，並對其上癮。

3.2 打造你的個人知識體系

回到本章開頭那個問題：為什麼你想不到、做不到呢？答案是：因為你的腦袋裡沒有足夠的素材，沒有見過，自然就很難想到，更不要說做到了。

想起一個故事。

一個乞丐說：「假如我當上了皇帝，一定要拿著金碗去要飯。」可見當知識（資訊）儲備量不足時，就會限制人們的視野和想像的空間。

我在第三部分列舉了大量優秀的跨界案例，案例的主角並非憑空想到的，而是將頭腦中原本處於不同界限的若干元素，透過一根無形的線連在了一起，由此產生了不可思議的反應，這才成就了我們眼前看到的一個又一個吸引人的故事。所以，千萬不要小看你的個人知識體系的能量。

《黃帝內經》裡有一句話：「陰陽者，天地之道也。」你所想得到的是看得見的部分，是陽性的，例如收入、人脈、外表、有創意的作品。而那些看不見的，對應的則是陰性的部分，是厚德載物。有一些看不見的東西必須存在和擁有，才能夠支撐起看得見的部分。

相信不少人聽說過這句話：「孤陰不生，獨陽不長。」也就是說，陰陽是相生的。這就是為什麼在提升跨界力時，我比較推崇由內而外的成長方式。無論你穿得多漂亮，頭銜有多少，一旦開口說話，舉手投足間就會立刻暴露出你的修養和內涵。

這就是為什麼在跨界合作中，有些人總有貴人相助，而有些人則被默默遠離的根本原因。因此，在嘗試跨界時，建立你自己的個人知識體系，同時內外互生，這點非常重要。

具體來說，要如何打造自己的個人知識體系呢？我們以品牌企劃這個崗位為例。

首先，根據工作職責，你需要具備以下知識和技能。

- ◆ 如何做企劃（包括如何設計活動，如何統籌執行，如何使用媒體資源、如何製作 PPT，如何拍照和修圖，Photoshop 和 Lightroom 的使用；如何呈現活動亮點、如何寫好不同風格的文案，如何利用跨界資源增加創意並降低成本等；同時，還需要具備基礎的品牌知識、市場行銷知識、產品知識，具備基本的審美知識、設計技巧、色彩知識等）。
- ◆ 如何進行數據分析（包括數據分析的方法、Excel 的使用等）。
- ◆ 如何應對突發事件（包括危機公關的應對策略、投訴的處理方法、衝突的管理能力、問題解決模型、有效的溝通方法、消費者心理研究等）。

其次，在個人實力方面，你需要掌握以下知識和技能。

- ◆ 如何更好地溝通（包含學習如何進行跨部門溝通、跨品牌合作的洽談方法；如何讓別人喜歡自己；如何讓自己具備吸引力；聲音的塑造和表達；學習形象禮儀；學習如何識人、如何提問、如何說話的方法；學會識別不同性格及相處之道；掌握更廣泛的話題和技能幫助自己建立共鳴等）。

◆ 如何更好地了解客戶和消費者（包含了解消費者的常見心理，了解其在不同情境下生理和心理反應的相關性等）。

◆ 如何管理自己的發展（包含個人職業規劃、個人覺察和認知、自我情緒的管理、自我健康的管理、業餘愛好的培養、如何建立個人品牌等）。

面對如此眾多需要掌握的知識與技能，你被嚇到了嗎？

別擔心，其實你已經具備了大部分的能力，只需完善一下即可。具體怎麼做，要看你自己的標準了。每個人的選擇不同，這本書不是逼迫大家一定要按照某個標準做出改變，我的初心是與你分享一些想法，而不是改變你，一切的決定都取決於你自己。

別忘了，以自己希望的方式活著就已經是成功的了。

3.3 建立真正的跨界資源和人脈

王瀟的一句話，我特別喜歡。她說：「什麼是真正的人脈？就是當有好的機會出現時，他能想起你，打電話給你。」

我想再補充一句：「當你需要幫助時，他會立刻發動他的人脈支持你。」

01 建立真正的連結，而非虛假的秀場

「等等，你說真正的連結？莫非還有假的嗎？」

嚴格來說，不是假的連結，而是無效的連結。現在很多人的通訊錄好友超過 5,000 人，還有不少人有兩三個帳號。那麼問題來了：在這上萬個好友裡面，有多少是你真正的人脈？有多少是你的粉絲？有多少是你的潛在客戶？有多少是圍觀者？

在我的社交平臺，我設置了一個名為「董幫幫」的小專欄，主要用來幫朋友發布所需的支持。我最感動的是，有些朋友會直接私信我說：「我有一

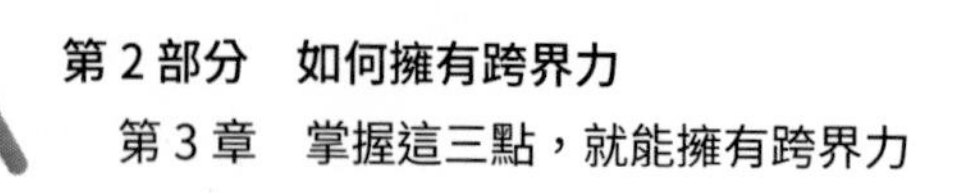

個朋友是做這個的，我幫你問問。」

看到了嗎？這些朋友在發動他的人脈。對於求助者而言，我是他的第一人脈，我社交平臺上的人是他的第二人脈。就是這樣的力量，讓我的那些求助者朋友能夠在幾分鐘之內獲得需要的資源。

我對於求助者，我社交平臺的朋友對於我，都是真正意義上的支持者。

當然，你可能也會遇到「假的人脈」，有的人會以自己擁有某位大咖（或小咖）的聯絡方式而自豪，他們像捧著寶貝一樣，一邊滿面春光地炫耀著，一邊卻又不捨得給你摸一下。

在一次活動的聚餐中，我認識了一位很活躍的男士，他很「熱情」，經常向我推薦他的一些專案，也經常在朋友圈展示自己與各路菁英人士的合照。有一次，我發現他剛好認識一位我很喜歡的老師，就打電話給他，想著如果他方便，是否可以幫忙引薦一下，並說明了意圖。

你猜到他要求我做什麼嗎？

寫一份報告！

是的，你沒有聽錯，是一份報告——寫清楚為什麼要請他為我引薦，我要與這位老師做什麼，合作的具體內容是什麼……通常在引薦朋友時，說明意圖是有必要的，也是符合情理的，這樣便於牽線人在中間溝通。不過，寫一份報告……著實很特別。

眼看溝通正在變調，我道了聲「謝謝」，從此便再也沒有聯絡過他。我一直認為，擁有高品質的人脈和資源，是為了提升我們的視野，而非成為一種炫耀。

所以，你也可以抽時間盤點一下在你的通訊錄好友中，有多少是願意支持你的，有多少是為了索取的，又有多少是無關痛癢的？整理一下你的好友，為他們分組。這樣，你才能真正管理好你的人脈圈，就像我們前面提到的房間整理術一樣。

02 如何擁有「真正的人脈」

的確，不是所有的人都會願意分享自己的資源，畢竟擁有別人沒有的資源是一種優勢和自信。那麼，怎麼才能盡可能多地擁有願意分享的朋友呢？

首先，擁有別人沒有的資源的確是一種優勢，會帶給人自信。但也必須意識到，如果你不願意在必要時力所能及地幫助他人，你就很容易逐漸失去這項優勢，甚至被大家疏遠。

其次，對於樂於助人者來講，分享資源會為自己帶來更多的資源。

對於上面這個標題，我們可以換個問法：如何才能讓更多的人願意幫助自己？

這樣一來，這個問題就顯得清晰多了。這一問題主要有兩大影響因素：一是對方本身的特質，也就是他本身是否樂於分享和熱心助人；二是你自己做得是否足夠，能夠讓別人願意幫助你。

我們可控的只有第二個因素。我總結了一下，如果能做到下面幾點，往往會得到很多支持。

▶ 討人喜歡

心理學研究顯示，人們評價他人時總是先入為主，也就是說，第一印象對一個人有著很大的影響。因此，你需要在交談中關注你的自我感受，你對別人的感受、別人對你的感受，以及別人的自我感受。關注交流中的情感，會讓別人感覺良好，而人們都喜歡和那些讓自己感覺很好、很舒服的人在一起。那麼，如何讓別人喜歡自己呢？我們稍後詳談。

▶ 懂得換位思考和共贏

與其說這是一種技巧，我更願意稱之為「真心」。當你真心為一個人好時，會自然而然地展現出你為他著想。若恰巧這對你也有好處，這就是共贏。

當我幸運地結識到優秀的作家朋友後，我會想我可以在什麼地方幫助到他。例如，資源支持，或者歡迎他來當地舉辦新書發表會，親自幫忙企劃、宣傳、主持、粉絲邀請等。

有的朋友看到我經常舉辦沙龍，他們很願意為我提供場地，當然，我也順便為他們進行引流，這就是共贏。與之對應的是，有人苦惱地問我：「該怎麼去談場地支持呢？場地費超出預算了。」如果你總是站在自己的角度，那就是在考驗對方是否能看到共贏點，這個還真不好說。如果你主動站在對方的角度去思考，就輕鬆多了。

▶ 要願意幫助別人，先利他人

如果你願意幫助別人，通常也會有很多人願意幫助你。重要的是，你是不是願意先人一步，也就是說，在別人幫助你之前就幫助別人。例如，分享你的資源、經驗、物品……

有一次，我在外地參加培訓，出地鐵時下雨了。我正抱著頭向前走，一個女士快步走過來，對我說：「你去哪裡？我幫你撐著傘吧。」後來，她直接把我護送到了上課的酒店門口。在一個陌生的地方，彼此互不相識，卻能夠得到對方無私的幫助，我真的是太感動了！臨別時我們互加了聯絡方式，我希望能有機會感謝她。

▶ 要懂得感恩

有一個朋友說了一句大實話：「別人幫你是情分，不幫你是本分。」雖然我一直提倡做一個有溫度的人，鼓勵大家多去幫助別人，但朋友的話卻是事實。即使幫忙的初衷也並非要獲得什麼，但不懂得感恩的人，會不知不覺地發現願意幫助他的人越來越少，或者同一個人幫他的頻率越來越低。

其實，我們往往更容易看見並習慣性地放大自己的付出，同時低估別人的付出。我在過去也犯過這樣的錯誤，因為沒有親身經歷過對方在付出時所經歷的一切，會把想像當作認知。後來，再請別人幫忙時，我會非常謹慎地去考慮對方即將經歷怎樣的流程，然後盡可能地用對方需要的方式去回報對方。

▶ 用心相待，送對禮物

如何回報對方，就是用心所在。一個出版社的朋友經常寄送她們的新書給我。得知她休產假時，我向她打聽了一下情況 —— 寶寶需要的東西，她基本上都備齊了。於是，我送給了她一個可以操控家電的小智慧音響。這樣，她不用下床就能操作房間的家電，還能播放歌曲給孩子聽。禮物不貴，但她非常喜歡。

其實，很多人對待禮物時，都不經意地將禮物的意義打折了。你是否想過這些問題：你究竟該送什麼樣的禮物？怎麼送？送的時候要說些什麼？收到禮物時要做什麼？這些不是技巧，不是法則，而是用心。

在最近一次跨界品牌分享會上，我留了一個任務給大家 —— 注意覺察收／送禮物的過程。對於讓大家具體覺察什麼，我故意沒有說得很清楚。

兩天後，我問了大家兩個問題：

(1) 你收到禮物時，對方留給你什麼樣的印象？

(2) 你是否與送你禮物的人有了更深的連結？

大多數人反饋說，收到禮物時非常感動，能夠感受到送禮者的心意，但只有少部分人與對方有了進一步的連結。有趣的是，那些在活動結束後再次主動感謝對方或回贈禮物的人，大多成就更高，獲得的資源也更多。

前不久，我讀到一本名為《讓好運每天都發生》的書，作者和我有著類似的經歷。他寄出贈書之後，最快回覆他感謝函並認真寫出讀書心得的人，往往是平日最忙碌的人，而那些事業不順的人，則連個回音都沒有。他鼓勵大家隨身攜帶空白感謝卡，在需要感謝時利用零碎時間寫感謝卡，這會為大家帶來好運。

很巧，這本書剛上市時，我幫一個朋友在社交平臺中分享了此書的資訊。後來才知道，這本書正是她編輯的。在她寄送給我的書中，夾了一張她手寫的卡片。透過字跡，我有一種莫名的感動。我再次分享了我的感受，並寫了一段很長的感謝語給她。後來，我無意間發現，她默默地幫我轉發了我發的一則招募貼文，並分享在她的讀書群組裡。在她的帶動下，群組裡的那些「陌生」朋友也紛紛轉發了這個招募貼文，我於是收到了許多回覆。

你看，這就是一種令人舒適、自在的能量流動。正是這份流動，為人們帶來了好運。

一旦你做到了上面這五點，我相信就會有越來越多的人願意幫助你。不過，關鍵在於，你是否立刻行動。

03 關於感恩：你有沒有忘了給你鐵鍬的人

有一個很可怕的口頭禪是：「謝謝你，改天請你吃飯。」對有的人而言，是「改天再約」，而對有的人而言，改天就是「誰知道是哪一天」。

其實，你完全可以郵寄一個禮物給對方。有一個朋友為我訂了一年的鮮花，每個月我都會收到一束。每收到一次，我就開心一次，同樣是吃一頓飯的價格，卻讓我開心了 12 次。後來，我也嘗試用這樣的方法，為我要感謝的女性朋友訂花，朋友收到後也都很開心。

在表達感謝時，我意識到一件特別重要卻時常容易被人們忽略的事——我們總是說「喝水不忘挖井人」，卻時常忘記遞給你鐵鍬的人。

「遞給你鐵鍬的人？」

沒錯。想想看，大多時候，那些幫你達成事情的「紅娘」，他們像橋梁一樣幫你連結上了那位幫你實現願望的人，他們就是遞給你鐵鍬的人。可有時當我終於完成專案，想要感謝這位「紅娘」時，卻發現，我忘記了此人是誰。後來，我就在通訊錄名稱的後面一併備註上「紅娘」的名字。

我的一位老朋友問我，我是如何成為大學特聘的就業創業導師的？

這要歸功於一位好朋友一如的引薦。有一次，我和她以及她的一個媒體朋友一起去拜訪師範大學的王譚主任。我原本是想聊聊看我手裡有哪些資源可以提供給那位媒體朋友和學校。結果，王主任代表學校邀請我做了一場主題分享，並在結束後正式為我頒發了聘書，如圖 3-1 所示。

圖 3-1 作者在師範大學做主題分享後的合影

我一直特別感謝一如，她就是那個遞給我鐵鍬的人，而王主任是我的另一位貴人。換個角度看，我想說的是：現實中，你不必總是等著別人給你鐵鍬，你也可以選擇遞給別人鐵鍬。

一位連鎖熟食店的負責人告訴我，他在第 40 次資源分享會上認識了某知名飲料品牌的負責人，他們合作了 9 天時間，結果熟食店的營業額增長了 21 萬元。

附近熟食店的同行看到他們的生意這麼好後也想模仿，但他們在市場上調查了一圈成本之後發現，如果採取同樣的促銷手段，即送同款飲品，就會虧錢。因此，只好一邊好奇同行是怎麼「玩」的，一邊表示無奈。

這就是跨界的力量、資源的力量。後來，這家連鎖熟食店的負責人特地打電話感謝我的牽線，那家飲品的負責人也在與我第二次見面時，主動提到了他們之間成功的合作，還鼓勵我一定要把這個平臺堅持做下去，讓更多的人受益。

就這樣，我成了許多人心中的那個「寶藏紅娘」。可寶藏的哪裡是我，明明是每一位在紅繩對面的大家 —— 我只是一個連接點而已。我很欣慰自己可以成為他們心中「真正的人脈」 —— 有好事時總會想起他們。

事情就是這樣雙向的，你要珍惜身邊「真正的人脈」，你也可以成為別人眼中「真正的人脈」。

自己能發熱，才能更持續地感受到溫暖，就像我們把被窩暖熱的同時，被窩也在溫暖我們。

第 4 章
吃透「六層塔」，就能將跨界運用自如

從本章起，我們進入跨界在事業領域的實作部分。

4.1 為什麼一個置入，就能帶來銷量的猛漲

你留意過雪碧的廣告嗎？從明星到遊戲，幾乎全是時下最新最紅的明星和元素。2017 年，雪碧廣告中的遊戲為「王者榮耀」，與此同時還特意推出了「王者榮耀英雄瓶」。2018 年，雪碧邀請到了人氣超高的明星迪麗熱巴，廣告場景是當時最熱門的「吃雞」遊戲（絕地求生）。

「它為什麼要這麼做？」

因為四個字：「與我有關」——我喜歡的明星、我喜歡的遊戲。

在產品和品牌中，能讓消費者貼上「我」的標籤，產生與自己相關的聯想，就會產生情感連結，接下來就能產生價值。

無論是廣告內容，還是線下活動，其中出現的人物形象、場景資訊、活動調性，要盡可能地與受眾群體的特質和喜好相一致，這樣才更容易引起共鳴，引發模仿和傳播效應。

問題來了：為什麼雪碧合作的遊戲每年都有變化？又為什麼會選擇這幾款遊戲呢？

首先，受眾相同。雙方的目標人群都是年輕的消費群體，追求個性、自我、新奇、時尚。

其次，彼此互補、強強聯合。無庸置疑，這幾款遊戲的玩家都具備超高的黏著性和熱情。這樣的聯合可以增強一個商品與粉絲之間的有聲互動，加強粉絲之間的連結。而對於商品來講，產品本身就是一個自媒體。雪碧推出

的王者榮耀英雄瓶，將王者榮耀中的虛擬人物形象實實在在地傳送到粉絲面前，形成了「實體化」。

想想看，為什麼那麼多的人喜歡收集動漫人物的小玩偶？這兩者背後的原理是類似的——人們喜歡看得見、摸得著的東西，這能夠為人們帶來心理上的安全感。

最後，雙方將虛擬和實體進行跨界聯合，達到了「虛擬的實體化」和「實體的趣味化」的雙重目標，並在兩者之間建立起一種無形的連結和對另一品牌的親切感（這種親切感是「認同」的第一步），這種「關聯效應」會促使雙方的消費者在消費中自然而然地想到對方品牌，從而形成無意識的連繫。

延伸思考：

我們同樣以雪碧和遊戲的結合為例，試想一下，如果雪碧結合的不是這幾款遊戲，又會是怎樣的效果呢？

「可是……我自己的產品到底適不適合做跨界？我又該怎麼做呢？」

別擔心，無論是什麼樣的案例和故事，我們看的都是背後的底層邏輯，與企業規模無關，就連我們生活中最常見的商品一衛生紙，都能夠跨界玩出花樣來。

4.2 有趣的衛生紙創意

我們常見的衛生紙大多是白色的，不過這幾年開始流行一種原木色紙巾，那麼，你見過黑色的衛生紙嗎？見過用衛生紙開畫展的嗎？見過螢光的衛生紙嗎？見過上面印有小說和鬼故事的衛生紙嗎？

不得不說，僅僅是這麼一個在生活中最稀鬆平常的日用品，也竟有如此多的玩法。我對此非常著迷，特意花了一些時間收集了 31 種經典的衛生紙創意，以此來提醒自己：任何產品，只要你想讓它煥發活力，就一定有某種我們未曾想過的方法可以實現。限制我們的，往往只是當下的視野和認知。

我們總是希望讓我們自己或者我們的產品、品牌、服務充滿吸引力，那麼，我們常常對什麼樣的事物充滿抑制不住的嚮往呢？

《瘋潮行銷》（*Contagious: Why Things Catch On*）的作者喬納·伯杰（Jonah Berger）說：「開發非凡吸引力的關鍵是，要讓事情看起來更加有趣、新奇和生動。而一種令人產生驚訝，爆發「哇」感的方式就是，打破常規，提出有悖於人們思維定式的產品、思想或服務。」而這正是跨界思維。

「哇！我真的沒想到！」

「天啊，這太令我震撼了！」

「真的感覺他們太貼心了！」

你應該聽到過，或者親口發出過上述感嘆吧？事實證明，這種令人出乎意料的驚喜，更容易刺激用戶的嚮往，也更容易讓人們記住，並主動和更多人一起討論和傳播。

接下來，我將拆解不同跨界類型中的故事，同時告訴你具體的跨界操作步驟和原理。我也會列舉身邊的故事，直接把思考邏輯完全呈現出來。在此之前，我們需要了解一個重要內容 —— 跨界認知塔。

4.3 跨界認知塔

根據跨界的類型、深度、價值、複雜程度，我將跨界歸納為六個層次，並稱之為「跨界認知塔」。它有助於我們更深、更全面地了解跨界在事業領域中的應用，也便於我們了解自己所處的跨界位置。

現在，請花幾分鐘時間回答以下兩個問題（你的答案對你非常重要）。

(1) 你為什麼玩跨界？

(2) 你做過的哪些事是與跨界有關？帶來了怎樣的結果？

答案想好了嗎？

此刻，請對照下面的跨界認知塔（自下而上，分別稱之為第一層至第六層），看一下你目前處在第幾層（見圖 4-1）。

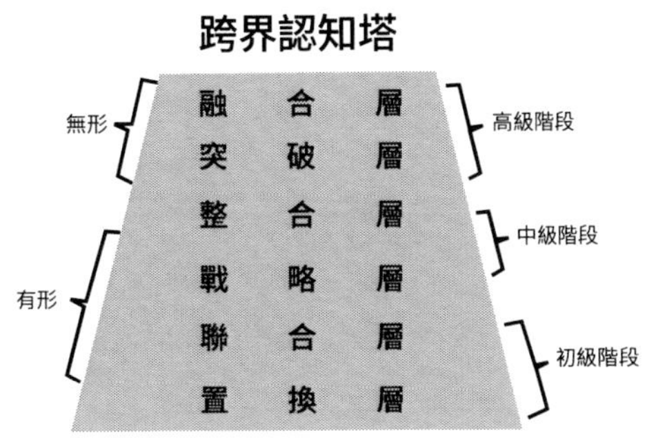

圖 4-1 跨界認知塔

我們之所以選擇跨界，大多是因為我們自身有一些需求需要被滿足。這些需求基本分為以下三部分。

(1) 滿足自身的物質需求。為了滿足我們自身的成本需求或彌補某方面能力和資源的缺口而進行一些合作，包括但不限於物品、技術或服務的交換，流量和資訊的交換，贊助合作，單次或者長期的策略合作。這是最初級的跨界合作，是為了解決當前的問題。

從參與的對象上來說，通常是兩個或者兩個以上不同企業或個體之間的結合。例如，第一層至第三層。

(2) 滿足價值的實現。根據某個企業或個體的需求和想法，主動連結相關資源，或結合不同領域的資源，經過資源整合、配對和企劃，開創出一個新的產品或服務，甚至一個新的行業（如各種資源平臺、外送平臺）。

從參與對象上來說，通常是一個企業為主導，整合眾多企業進行參與支持，其核心目的不是為了解決自己企業當下的資源缺口，更多的是為了發揮資源的最大化價值。例如，第四層。

(3) 滿足創新的需求。洞悉市場空白及用戶的某個點的真實需求，透過跨行業、跨部門、跨學科的整合運用，以更加全面的視角和開闊的思維方式，突破原有的壁壘和邊界，創造不可思議的變化（如手機的各種智慧服務），其核心目的是實現突破。

從參與的對象來說，通常以自己的企業為主體。例如，第三層至第六層。接下來，我們逐一了解跨界認知塔。

01 第一層：置換層

還記得我們討價還價的過程嗎？

「老闆，再便宜一點吧，我幫你多宣傳，多介紹客戶。」

這就是我們生活中的「置換」。

這一層是比較簡單、基礎的合作，最常見的是交換合作、贊助合作等，主要是為了節省成本，或者彌補短缺資源。

置換合作，主要是不同企業和個體之間，為對方提供自己的資源，以免費或者更優惠的成本獲取自己所需要的對方資源的過程。例如，線上應徵網站在發布線下戶外廣告時，可以採用置換的方式，即廣告公司為應徵網站提供廣告位，應徵網站為廣告公司提供應徵服務，以及在應徵網站頁面中的品牌露出等。

關於贊助合作，相信大家看過很多了，嚴格來講，它其實也是置換合作的一種類型，主要由主辦方發起某項活動或事件，並根據贊助方提供贊助內容的不同給予相應的回饋。

置換也好，贊助也好，兩者的本質是類似的——A 公司和 B 公司相互滿足。用一句文藝的話來講就是：「我想要的，你都有。」所以，如果雙方對彼此很認可，品牌調性又比較搭，這樣的合作就會一拍即合。

延伸思考：

跨界合作看起來很簡單，但實施起來並不容易。請思考一個問題：當有一些資源，別人可給你也可不給你時，為什麼要給你呢？

▶ 資源的互換形式有哪些

在置換合作中，雙方的回饋形式有可能並不相同。

從時間上來講：

- 有些是即時的回饋方式。如活動現場或者節目中的露出、軟置入等。
- 有些是後置的回饋方式。如後續特意為對方舉行專場、新用戶的註冊、前面案例中提到的應徵服務的置換等，兩者所提供資源的開始和結束的時間並不一定完全重合。

從顯隱性上來講：

- 有些回饋是顯性的。如活動現場及廣播電視節目中常見的品牌露出類回饋、物資類回饋、實物使用類回饋等，主要從視覺、聽覺、觸覺等各種體驗感的營造出發，來支持對方品牌在用戶心目中的認知率和口碑。
- 有些回饋是隱性的。如追求新用戶註冊量、App 下載量、部分類型產品的後期體驗、合作分潤等，需要後續在某個時段範圍內持續不斷地發生才能看到效果。

▶ 如何不花錢採購一批禮品

曾經在工作時，我和麗芙家居公司有過一次合作。

從 2014 年起，我就一直是麗芙家居的粉絲，而且我們辦公室裡有不少人都受到了我的影響，也成了麗芙家居的粉絲。而我對這個品牌產品和售後服務的信賴，源於一次購物經歷，其妥善而又設身處地為我考慮的態度讓我留下了極深的印象。後來有一次，我聽到銷售和 HR 提起要替客戶選購禮品，我就在想，有沒有可能嘗試一次合作，讓更多的人用到它們的產品呢？

我與麗芙家居當時的市場負責人一拍即合。麗芙家居免費為我們公司提供一批產品，我們在上百個產品的清單中，挑選了 50 種客戶有可能會喜歡的產品，由麗芙家居設定專屬連結和領取密碼，交由客戶任選其一。而公司則為麗芙家居提供網站頁面的宣傳欄位、一對一的客戶溝通傳播和精準的用戶群體。

我們公司的客戶大多是 HR 和企業老闆，企業內部福利的採購權或者建議權大多掌握在他們的手裡。當時麗芙家居正在發展企業團購業務，因此，如果能夠讓更多的 HR 體驗到他們產品和服務的優秀，則有助於其開拓企業團購管道。同樣，HR 本人也是潛在的目標消費者。

對於麗芙家居而言，投入一些產品成本，能夠讓它們獲取一批精準的潛在客戶、提升網站的瀏覽量、新用戶的註冊量，並使他們體驗到平臺的服務，親眼看到產品的品質。對於公司而言，為員工和客戶送去一個新穎的福利和體驗，將禮品選擇權交給他們自己，可大幅提升員工和客戶滿意度，同時，還能夠節省採購成本。

活動結束後，我們做了數據統計。數據分析顯示伴隨免費產品的訂單，有許多客戶在購物車內自行添加了其他產品，在一個月內又有許多客戶回購。這個結果雖然是預料之中的，但是直到看到這些數字時，我才真正放了心。

畢竟所有贈送的產品都是實物產品，而且價值都在幾十元甚至上百元，因此只有真正做到為對方引流，為對方帶來經濟上的收益，才會讓我的心裡舒服一些。我一直覺得，無論什麼合作，一定要自己內心感覺到對得起對方的支持，這樣的合作才是正向的、無愧於心的。

我一直非常感激和我合作的那位負責人李駿，他相當優秀，勇於突破創新。對他們公司而言這樣的合作也是第一次，但在整個合作過程中，有非常多需要特殊處理的地方他都做得相當出色。而更不可思議的是，自始至終，我們都未見過面，全是透過電話來敲定意圖並推進合作執行的。

延伸思考：

講一句題外話，這件事情並不在我當時的 KPI 考核範圍內，但我喜歡做對公司整體有益的事情，喜歡做有創新的事情。現在想來，這些工作恰恰為我開啟了對跨界的認知。這麼多年的經驗告訴了我：沒有哪件超出本職範圍之外的工作是無用的。

你有做過哪些額外的付出，為你帶來了意想不到的好運、感動或是驚喜呢？

02 第二層：聯合層

聯合層，大多是為了共同完成某一件事，由一方發起（有時沒有明顯的發起方，有可能是幾方共同頭腦風暴出來的），由多方共同企劃、傾注資源並執行，最終實現跨界合作的過程。

簡單來講，就是 A ＋ B → C。

其中，A、B 指的是企業或品牌，C 指的是合作專案。C 有可能是 A 的 C，也有可能是 B 的 C，也有可能是由 A 和 B 共同創造出來的，其同時屬於 A 和 B。

這些合作大多比較簡單輕快，甚至有些只是單次合作，也有些雖然合作過幾次，但沒有更為實質性的、體系化的運作，雙方並未達成更深度的連結。

例如，有些社群舉辦的線下主題沙龍，通常會由與符合主題的咖啡廳、圖書館、蛋糕店等一些實體店提供場地和茶水，由社群團體提供沙龍的內容和人氣。這樣一來，不僅能為實體店帶來人氣和服務體驗，也為社群團體提供了線下活動場地，還能使粉絲感受到不同的體驗。

雖然同樣是互相傾注資源，但本層和第一層的區別在於：第二層的合作，資源的傾注是為了一個共同的專案，雙方都要為最終的結果負責；而第一層，則只需要提供支持就可以了。與第一層相比，第二層要更加複雜和更深層次一些。因此，在第二層需要留意一些技巧。

▶ 毫無經驗的我如何駕馭 3,000 萬元的專案

我想舉一個部門之間跨界合作的例子，它和企業之間的合作十分類似，看似條件更便捷，但有時並不容易。

我曾在可口可樂公司負責 UTC（揭蓋贏獎）專案，那時的「慘烈」和幸運，至今令人難忘。當時是我在這家公司入職的第 3 年，剛輪職到市場部一個月，主管突然離職，這個價值 3,000 萬元的專案便落在了我的頭上。那時沒日沒夜地加班和學習，當專案好不容易步入正軌時，我再次被「幸運」砸中 —— 公司要統一更換新系統，也就是說，UTC 專案所使用的老系統將無法使用。這是一個全公司幾乎所有部門都需要參與其中的重要專案，牽一髮而動全身。

更讓人頭大的是，新系統和老系統的功能以及前期運行中累積的龐大資料庫無法無縫交接，這就像是終於學會了英語，可是卻去了法國。

為此，我不得不每日安排匯出數據，針對新流程中的功能缺失，制訂手動彌補的方案，調整各部門在專案中的流程，找各個功能組和部門領導逐一商討專案可行性和風險掌控，針對倉庫、物流、市場、銷售、客服等各個相關部門，制訂針對性的培訓方案，並重新提報了預算。

一圈下來，我成了全公司唯一一個懂得 UTC 新系統運作的人。

這件事情雖然完整地做完了，但在數據抓取的前期，系統的不穩定及龐大的數據運算（多達幾萬行）使得我在編預算時犯了一些錯誤。為此，我至今仍很感激當時的主管 Ken 的包容和默默的支持。當然，還有當時銷售運作部負責人劉蔚群（劉總）、銷售運作控制負責人閆麗娟（娟姐），以及其他各個部門的那些大我很多歲、職位高我好幾個級別的負責人的支持。一切都留下了非常溫暖的回憶。

為什麼我在前面說這是一件幸運的事呢？因為這件事之後，我不僅明顯感到自己的工作能力和思維能力上升了一個臺階，而且公司的管理層也開始明確指派我負責一些專案，我變得越來越「忙碌」了。

我開始反思與總結，為什麼當時毫無經驗的我能夠駕馭這麼重要而又複雜的專案？後來我終於找到了這個真相，那就是：這正是一次企業內部的跨界合作，這個「界」就是部門的邊界，而我恰好運用了下列這些重要的原則：

◆ 了解對方的角色、需求（包括那些沒有說出口的）、有可能在活動中出現的困難點。

◆ 站在對方的角度進行溝通。

◆ 確認分工時要具體且可操作（參考 SMART 原則[03]），並確保對方理解的和你所表達的要一致。

◆ 以感激和共同合作的心態進行溝通和執行。

◆ 在合作的灰色地帶[04]要達成一致，雙方以結果為目標主動去推進，不推諉、不踢皮球。

03 第三層：策略層

我們此刻進入第三層 —— 策略層，就是那些出於長期共贏考慮，在實現共同利益的目標基礎上所展開的一系列深度合作。

我們經常看到的策略合作簽約儀式，大多就是深度的策略合作，深度，表示了這個層面合作的程度；策略，表示了這個層面合作的性質和高度。從時間角度看，多是較為長期的合作；從交互關係角度看，次數較多、範圍較廣；從運作角度看，多是全公司層面、多方面參與。

▶ 曝光效應與負面曝光效應

有一個非常知名的手機品牌，他們與某個線上讀書平臺合作，共同做了一次讀書會，從場景布置、媒體宣傳、粉絲招募都非常吸引人，而且這兩個品牌都為人熟知。

得知這個消息後，我忍不住向在這個手機品牌公司工作的朋友表示祝

---

03 SMART 原則包括具體的（Specific）、可以衡量的（Measurable）、可以達到的（Attainable）、具有一定的相關性（Relevant）和具有明確的截止期限（Time-bound）。

04 所謂「灰色地帶」，就是在合作分工中，往往會有一些前期分工時未想到或未細化足夠的工作事項。這些灰色地帶是職責的盲區，需要合作雙方根據彼此的能力和資源主動承擔。一旦發生推諉、踢皮球，不僅會傷感情，更會對整體事件的推進和結果造成不良的影響。因此，在前期商討時，合作雙方一定要提前達成對此類問題的一致性態度。

賀。我知道她們一直都想在會員服務上做一些突破和創新，現在他們終於打破了傳統服務內容，真的是發自真心地為他們高興。當我問及這個活動計畫做多久時，她的回答讓我一時間沉默了許久。

「只做一次。」

我繼續問：「那些漂亮的場景布置如何處理呢？丟掉嗎？粉絲的後續活動呢？」

她說：「哎，這是總部談的，我們也沒有辦法。」

我問：「你有沒有向總部爭取，申請持續辦下去呢？」

她說：「哎，公司也沒這方面的要求。」

我懂了。站在她的角度，會員活動並不是他們的考核 KPI 方向，而總部也只是要求做一次這樣的活動即可，所以這樣做沒有任何的不妥。

然而，如果站在全局角度思考就會發現，重視會員和粉絲，是在目前競爭異常激烈的市場環境下，搶先占領消費者心智，與消費者產生深度連結的核心。所謂的回購、口碑傳播，前提是消費者對你足夠地喜歡或者依賴，需要的時候總是會想起你。可問題是，現在的資訊太多了，消費者的精力根本顧不過來，單次的宣傳效果再紅，也經不起時間的抹殺和大量資訊的衝擊。

曝光效應

這個案例所涉及的就是「曝光效應」。

舉個例子。你有沒有發現，你有可能第一次見到某位同事時感覺他不怎麼好看，但是越相處就越覺得順眼呢？

重複能加強記憶，能激發用戶與我們的連結。在社會心理學中，曝光效應也常被稱為接觸效應或熟悉定律，它是指人們會偏好自己熟悉的事物，人們見到一個人或事物的次數越多，就會越喜歡。

著名的心理學家扎榮茨（Zajonc）曾做過一個有趣的實驗。他讓一群人觀看某所學校的畢業紀念冊，前提是參與測試的人與相冊中的任何人都不認識。看完之後，再讓這些人重新看一組照片，並說出對這些照片的喜愛程度。這些照片在畢業紀念冊中出現的頻率從一兩次到二十幾次不等。

心理學家最後發現，那些出現頻率較高的照片被喜歡的程度也越高，他把這種現象稱為單純曝光效果。也就是說，只要一個人（事物）在你無意識的情況下不斷出現，你就有可能喜歡上這個人（事物）。

寫到這裡時，正是過年期間，我想起從年前進入春節開始，我就一直想買各種紅色的用品，衣服、杯子、帽子、耳環，甚至差點要買一雙超級不百搭的紅色高跟鞋，想來一定是受曝光效應的影響。

有時，我們以為是自己主動做的選擇，事實上卻是我們早已在不經意間受到了外界因素的影響。我記得一部電影中有一個關於賭馬的情節：一個人為了影響對手下注，便安排了一個數字，在當天看似不經意地、以不同形式地多次出現在對手視線內，結果，對手果不其然地選擇了這個數字下注。

負面曝光效應

那麼，所有的事情都是越曝光越好嗎？

答案是：No。有一些事情曝光頻率越多，反而越會適得其反，我們可以稱之為負面曝光效應。

我曾經在學習生涯發展的時候，碰到過一個非常耐人尋味的現象。

我在 A 機構的粉絲群組裡，看到大家一直在接龍報名課程，而助教採用 @ 報名學員的方式恭喜報名成功。在有人提問後，助教立刻非常貼心地解答，之後再重新發一次報名資訊和剩餘名額的海報，由於不斷地洗版，激起了群友的報名熱情，有一些原本沒有打算報名的，也開始積極地搶座位。

而 B 機構的助教則是不斷地私訊我課程資訊。我起初覺得這個課程也是不錯的，打算把 A 和 B 的課程全部都報名，為此還加入了一個預報名的 15 人小群組。

但最終，有一半的人都放棄了 B 機構，我也一樣。

其中的原因並非是因為頻繁收到助教的群發訊息，而是大家諮詢的問題沒有得到積極回應。大家針對 B 機構講得最多的一句話就是：「付費前的服務尚且如此，付費後的服務又會是怎樣呢？」

這兩件事情的區別是什麼？

一個是無意識的激發（至少看似是無意識的）和周到的積極服務，一個是刻意而急功近利的消極服務，所以你會發現曝光效應的有效性是有前提條件的。

◆ 比較中性或令你喜歡的人或事，在你頻繁接觸的過程中，未產生對你有危害的行為、令你厭惡的行為或者風險信號，也就是說，從始至終這個人（或事）對你而言是相對安全的存在。
◆ 越是無意識間的重複和曝光，越能激發你的喜歡。現在的人都很聰明，尤其是在消費方面越來越趨於理性。如果你的重複令人感受到你有極強的目的性，那麼越重複，就越有可能在最終產生相反效果。

因此，我們在使用曝光效應時，一定要注意以下使用方法：

◆ 盡可能地設計無意識的認知，人們越是無意識地接收重覆資訊，就越是會偏愛。
◆ 一開始就讓人感到厭惡的事物，如果只是進行普遍意義上的重複，效果容易適得其反。倘若在重複的過程中，讓用戶感受到不僅沒有產生任何危害和損失，還存在著有助於自己的資訊，則會使用戶卸下心理上的牴觸，原本用戶心中厭惡或懷疑的資訊就會逐步轉變為一種安全的資訊，隨後就有可能進一步發展為喜歡的資訊。
◆ 即便是一開始令人喜歡的人（或事物），如果在重複的過程中出現降低用戶內心安全感和反感的行為，就會越重複越適得其反。
◆ 曝光和重複需要適度，過度的曝光可能會引起厭煩，就像我們非常愛吃的一樣東西，如果天天吃遲早也會吃膩。

▶ 合作究竟有多深

你知道一個跨界合作都需要涉及哪些環節和部門嗎？

以一個簡單的跨界合作為例。在某次賽事或活動中贊助一些產品時，只需要雙方約定好彼此的回報，然後贊助方申請產品並運送到指定地點，向用戶展示或者邀請用戶體驗即可，稍後在比賽或活動過程中留存一些照片、影片資料做活動總結，就算完成任務了。

然而，諸如前面提到的雪碧為宣傳王者榮耀而生產的王者榮耀英雄瓶，其涉及可口可樂公司全體系的人員，諸如銷售運作部（預測該包裝產品的銷量及產量）、設計部（設計新的畫面）、資訊部（建立新的產品編號，在系統中輸入相關資訊）、市場部（針對新產品的各套政策和指引、各部門的培訓、兌獎事宜）、採購部（新產品相關的物資採購）、儲運部（新產品與原產品的分批存放及運輸問題）、客戶服務部（消費者關於新包裝中相關活動的諮詢答疑）、銷售部（向各個管道的客戶傳達新品及新活動）、公共事務部（媒體管道的傳播）……

這一系列部門是個非常龐大的體系，策略合作時間較長、內容較為複雜，需要你做好長期的時間規劃，並提前了解相關流程和工作習慣、規章制度等，盡可能地減少資訊誤差，並做好提前準備工作。

04 第四層：整合層

你肯定聽說過「資源整合」這個詞。所謂「資源整合」，就是跳出自身角度，向外出發，著眼於身邊的各界資源，重新識別、選擇並整合，重新企劃，創造新的價值和成就，換句話說，就是把你身邊能用的資源都利用起來，創造一個新案子。

從商業的角度來看，我們非常熟悉的團購平臺、外送平臺、叫車平臺、共享辦公平臺和資源平臺，就是這一層頗具代表性的新事物。

- **團購平臺（電商平臺）**：整合各個領域的商家，進行打折優惠、體驗評價，為消費者帶來參考性意見和福利，也為商家提供更多的客戶資源。
- **外送平臺**：整合各個區域、各個類型的餐飲商家，提供餐飲上門的服務，也為商家解決了無多餘人手送餐上門的苦惱。
- **叫車平臺**：整合計程車司機，為出行者提供專車服務，也為司機提供一份工作機會。
- **共享辦公**：整合空間、服務、政府以及社會資源，為創業者提供各種便利的辦公條件和公司營運的後端支持。
- **資源平臺**：整合相關領域的人脈和資源。

我經常收到朋友們發來的「情書」，告白說這個資源帶給了他們太大的便利和價值，就像打開了一扇新世界的大門，一切都變得通暢起來，思想和視野有了極大提升，而各地分會會長這麼多年來其實一直在無私地扮演著跨界「紅娘」。

上面這些項目就是在原有資源的基礎上，敏銳地捕捉到消費者的痛點，抓住行業中的空白機會，進行了資源的整合、企劃及輸出。

05 第五層：突破層

在這一層，我們相當於上升到了一個全新的思想層次，不僅是在企業之間的合作方面，更多的是全面突破和創新升級。在這一層，你會借助跨界思維，採用全局視角，突破原有的壁壘和邊界，創造出不可思議的變化。

舉個簡單的例子。在企業的傳統分工中，產品部主要負責做好產品的設計、滿足用戶的使用體驗；技術部主要負責完成技術的開發；行銷部（在這裡我們簡單將市場、品牌、營運、銷售等部門統一概括為行銷部）主要負責產品發布後的推廣和銷售。

如果我們運用跨界思維，那麼將會產生怎樣的效果呢？有沒有可能讓上面這三大職能部門彼此互聯呢？我們是否可以用技術思維做行銷，用行銷思維做產品，用產品思維開發技術呢？試試看，如圖 4-2 所示。

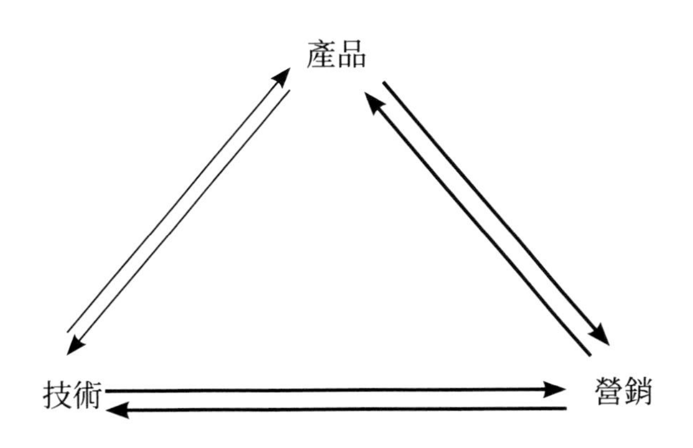

圖 4-2 技術、行銷和產品三者的互聯

答案是：當然可以。舉一個大家比較熟悉的例子。在很多 App 和遊戲裡面，用戶分享後可以獲得一些積分或是多玩一次的機會之類的獎勵。還有在一些購物 App 當中，別人透過你分享的連結下單，可以使你獲得部分收益。這裡就包含著行銷思維和技術的完美結合。

還有很多的產品包裝上加上了 QR code，有的是發揮「追本溯源」的功能，有的是展示參與互動的功能。這些就是在用行銷思維做產品，用產品思維去開發所需要的技術（而不是根據現有的技術去拼湊產品）。

你是否意識到，之前的 IT 產品展現的是工程師思維 —— 只要產品的核心基本功能足夠、性能穩定就行。

我們以手機為例。過去，我們追求的是手機的續航能力、耐摔程度、信號強弱等。現在呢，我們追求的已經遠遠超出這些，融入了更多的人文精神、藝術品位、極致體驗等元素。

我經常一轉眼就不知道把手機放在哪裡了，要找半天才能找到。後來我發現，可以設定尋找手機的功能，只要你在家裡喊：「你好，小 E，你在哪裡？」手機就會播放設定好的音樂，同時回答：「我在這裡，我在這裡……」

如今，手機廠商已將手機設計得非常貼心了，就連我們用戶都沒有想到的需求，手機卻都已經具備。比如，就連拍照也不斷演繹出各種新的功能 —— 微距模式、人像模式、電影模式、夜景模式等，簡直堪比一個初階的單眼相機。

以上這些情況，是不是都是借助產品思維來倒推開發所需要的技術，以更好地滿足消費者需求的最好佐證呢？

▶ 它居然因為一個名字而走紅

突破不僅僅展現在產品領域。再跟大家分享一個有趣的現象，關於取名字的。

幾年前，一個朋友在逛超市時，特意拍了一張照片給我。點開一看，照片裡是一個名為「董小姐」的洋芋片。因為平常大家習慣喊我「董小姐」，所以朋友看到這個品牌的洋芋片，就忍不住發來給我看。

這讓我想起來多年前，好姐妹寄給我的一小盒茶，玫紅色的包裝袋上有一行白色的字體，上面印著「董小姐茶房 —— 用一杯茶的時間來想你」。這盒茶被我原封不動地保存在櫃子裡。

廈門有一家名叫「趙小姐的店」的咖啡館，很受歡迎。

有一個很有趣的小超市，為了和旁邊的大型超市競爭，網友幫它取名叫做「超市入口」。

還有一個很特別的故事。

在英國威爾斯公國，有一個非常有趣的小鎮，它是擁有英國最長名字的小鎮。據說，鎮上的居民只是想以一種獨特的方式吸引遊客前來參觀，增加小鎮的客流量。於是，有人提出替小鎮取一個世界上最長的名字，結果就有了這個名字 —— 急漩渦附近白榛樹林山谷中的聖馬利亞教堂和紅岩洞附近的聖田西路教堂。

後來，一位電視臺天氣預報員因為在播報天氣時，流利地說出了這個名字而走紅。現在，這座小鎮早已成為一個受到世界各地遊客青睞的旅遊景區，而這個名字也被傳唱成了歌曲。

這些都是因為名字的特別而被人們記住的案例。有些是因為人格化，有些則是因為特別。這就是一種打破思維定式的突破。我相信此刻你的腦細胞內已經在蹦跳著各種新奇有趣的奇思妙想了吧！趕快記錄下來，這很可能就是你的下一個創新。

06 第六層：融合層

此刻，我們終於來到了跨界的最頂層 —— 融合層，即回歸「道」的層面，以有形化無形，以「融」之態，對各界萬物以包容、融入、融合。

在這一層，我們不僅僅是單純的跨界合作、資源整合、思維突破，更重要的是融會貫通。在融合層，會同時用到多個層次的跨界方式，融合多個領域的跨界亮點。如地鐵創意、可口可樂和航空公司的合作創新等，都屬於這一層。

不僅如此，跨界力也會讓我們在談判溝通、資源累積、職業生涯發展、學術創作、個人品牌、創業、品牌創意、產品設計、企業轉型、家庭關係、社交關係、問題解決、個人成長、購物、戀愛、等方面，展現出與眾不同的一面。要實現這些，我們就要更加重視提升我們內在和視野的廣度，以及思維的寬度。

總結一下：

本章，我們借助雪碧的案例和衛生紙的創意案例，探討了關聯效應以及如何開發非凡的吸引力，分享了六層跨界認知塔的內涵，以及曝光效應的實用法則。這裡面的頗多案例都可以用來發散、借鑑。

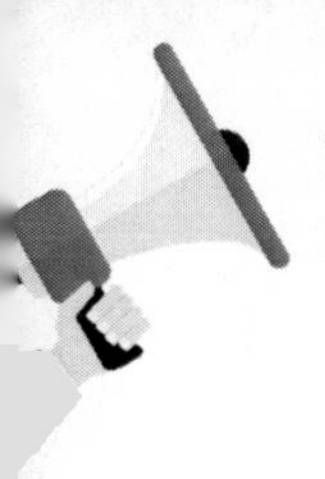

第 3 部分　跨界類型

讀到這裡，你可能開始好奇怎麼才能立刻開始跨界呢？那些讓人回味無窮的創意是怎麼創造出來的呢？其背後的祕密是否有章可循？我們能從中獲得哪些有益的啟發呢？

從現在開始，我們進入腦洞大開的模式，你會看到非常多令人怦然心動的創意，尤其是同樣或類似的品牌有著非同凡響而又與眾不同的玩法，希望能為你帶來更多有益的啟發。

如果一開始你覺得有些摸不著頭緒，沒關係，可以先從借鑑優秀的創意開始。不過要注意的是，借鑑不是抄襲，而是獲取啟發和靈感，你需要將其調整為適合於你的創意，然後慢慢地，你就會有更多新的思路去實現創新。

現在，你可以開始累積你的案例素材庫了。為方便大家理解，我將跨界歸為四大類：產品跨界、形象跨界、體驗跨界、行銷跨界。

第 5 章
產品跨界：如何讓產品捕獲消費者的心

產品跨界，有以下兩種常見的應用方法。

- **產品升級**：基於產品本身的功能、技術等，融合其他跨界元素而生成較為新穎的、具備新特徵（特性）的個性化產品升級，參見本章案例 1 和案例 2。
- **產品延伸**：在原有產品的基礎上，開發新的衍生品，滿足用戶更多樣化的需求，參見本章案例 3。

接下來，我們來看幾個案例。

5.1 案例 1：一個瓶蓋上的 16 個小心思

不知道你小的時候是不是跟我一樣有過這樣的經歷：在飲料瓶的瓶蓋上戳幾個小洞，然後去澆花或者和小朋友一起滋水玩，每次回想起來都令人無比懷念。而且更好玩的是，在瓶蓋上戳洞時，如果不是垂直戳向瓶蓋的，噴出來的水線方向就會四處亂竄，每次看見這種場景，小朋友們就笑得前仰後合、東倒西歪。

可口可樂公司就發現了瓶子的再利用價值，發明出了 16 種創意瓶蓋並免費提供給人們，把這些瓶蓋擰到喝完的瓶子上，就可以把瓶子變成生活用品進行再利用：如噴壺、水槍、削鉛筆機、筆刷、波浪鼓、吹泡泡、啞鈴、醬料容器等，如圖 5-1 所示。這就是可口可樂公司聯合奧美集團發起的「快樂重生（2nd lives）」公益主題活動。

圖 5-1 可口可樂瓶子的再利用創意

分析

「為什麼別人的創意可以層出不窮？好羨慕呀！」

相信我，你也可以的。許多創意本就來源於生活，來源於對細微處的敏銳洞察。

從這個例子中，我們可以明顯地看出，真正讓人心動的創意，是能夠直擊人的心靈，滿足人們易被忽略的需求的創意。而後，人們便會與之產生情感或行動中的連結。

想起一個許多人可能都聽說過的故事。

一個賣鞋的公司派了兩個人去非洲（有的版本是去某座荒島），一個人回來說：「那裡沒有人穿鞋，沒有市場。」另一個人說：「那裡沒有人穿鞋，市場太大了，不過我們需要根據他們的腳型訂製。」

這其中蘊含的道理與把梳子賣給和尚的故事有些類似。有些現象或者問題看似無解，卻是機會。這就是跨界思維的展現 —— 跳出原有思維模式，跳出傳統思想，換個視角想問題，這在職業生涯發展中叫做「重新定義」，在心理學中被稱為「外置與重構」。

在泰國和越南，人們的消費能力相對較弱。對於企業來說，既要完成企業的商業發展，又要擁有社會責任感，因此，借助產品滿足用戶更多的需求，創造產品的附加價值，就能讓產品從單一的消費品轉變成價值衍生品。可口可樂喝完就沒有了，但是瓶子卻可以在生活中被無限次地再利用。

這個創意更厲害之處在於，它透過波浪鼓、畫筆等各種形式的瓶蓋，讓用戶在以下層面形成不同形式的連結，從中感受到快樂和幸福。

◆ **物質層面**：為消費者帶來額外的價值，節省了很多成本，曾經不捨得買的東西，現在一下子都獲得了。

◆ **心理層面**：這些額外附贈的工具不僅為消費者帶來了滿足感，還帶來了很多的快樂，甚至是對生活的新希望。

◆ **關係層面**：這種具備互動性的玩具增加了人際關係中的情感，如孩子們一起玩吹泡泡、一起滋水，母親和孩子一起玩波浪鼓、一起畫畫……

因此，產品好不好，用戶體驗說了算，而產品創意好不好，則可以根據是否滿足了用戶以上這 3 個層次的需求來判斷。

「以用戶需求為核心」、「用戶思維」、「換位思考」、「連結」……這些詞彙，在本書中會被不斷提及，只有懂得對方所思所想、所需所求，才能有的放矢，而只有創建有效的連結，才能使消費者愛上你的產品，並一直愛著。

「可是，我們去調查用戶的體驗和需求時，消費者說產品很好啊，但業績數據卻並非如此。」

沒錯，你說到重點了。現在我們都面臨一個新的挑戰：並不是所有的用戶都知道自己想要什麼。對消費者而言，現在的商品琳瑯滿目，選項實在太多了，常規的用戶需求早已被滿足。如果你去問他還需要什麼，可能連他自己都回答不上來。

「那麼，那些新的需求，我們要怎麼樣才能發現呢？」

你已經將關鍵詞說出來了，沒錯，就是這兩個字 —— 發現。這需要你對消費者有足夠的了解，同時還需要你具備足夠的洞察力。

舉個例子。計程車、捷運、公車等交通工具類型已經很全面了，但是尖峰時間等車難、叫車需要碰運氣這件事，還是讓人很不舒服。如果你做調查，可能會收到這樣的回覆：「如果公車、計程車再多一點就好了，等待的時間太長了。」甚至有的消費者已經習慣了這種等待，自己都沒有意識到有一個出門就能叫到車的需求，因此也就更不會告訴你他們需要一個叫車平臺。

所以，你需要發現他們的痛點，然後自己去尋找問題解決方案。叫車平臺就捕捉到了用戶這個痛點，提出了解決方案並呈現給消費者，這樣消費者就會突然意識到：是的，沒錯，我需要的就是這個！

因此，在構思創意之前，洞察力是核心關鍵。

延伸

如果你有一個產品，有沒有可能透過對某些地方的調整，讓你的用戶拿到產品後發出「哇」的一聲讚嘆呢？

此時正值深夜，我突然想到了「三隻松鼠」這個品牌，這是一個堅果食品品牌，它在洞悉用戶需求方面真的讓人非常感動。

首先，它的包裝外箱被稱作「鼠小箱」，上面貼著一張給快遞員的便條，上面寫著：「親愛的快遞員哥哥：我是鼠小箱，我要去見我的新主人了，請您一定要輕拿輕放哦。」不僅萌，而且滿滿的受重視感！它還附贈一個開箱器，這個開箱器也有一個名字，叫做「鼠小器」，有了它，你再也不用到處找刀、鑰匙或筆來劃開封口膠帶。

最後，打開包裝，你會發現商家還為你準備了開果器、果殼袋、密封夾子、溼巾……簡直是把我們吃堅果時的每一個小擔心和每一項需求全都想到了。這裡面還有一個非常討喜的地方，就是它的人性化。它不僅替自己的小工具起了名字，就連售前客服也根據性格被分了組（如「人畜無害小清新」、「驚險刺激萌賤組」等）。

一旦你的細節讓用戶感到出乎意料，那種驚喜和動心的感覺就會悄然蔓延至用戶身體的每個角落，隨之而來的滿意和興奮，會讓人忍不住地想要把產品分享給更多的人。此時，品牌的口碑傳播就已經開始了。

5.2 案例 2：可以咬著吃的飲料瓶

接下來，我想分享一個我非常喜歡的產品創意。

如圖 5-2 所示，在哥倫比亞海濱，有一款名副其實的「冰可樂」——可口可樂的瓶子是由冰塊製成的，販售時灌入可樂，套上一個手環方便抓握。在炎熱的海邊，人們喝完可口可樂後，還可以把冰塊瓶子也吃了，想想就是一件極爽的事情。

圖 5-2 冰可樂

這款冰可樂賣得非常好，據了解，哥倫比亞海濱的小販們一個小時就可以銷售 265 瓶冰可樂。

分析

我們來分析一下，可口可樂抓住了哪些消費者的哪些需求。

- ◆ **熱**：用一位朋友的口頭禪說就是：「海邊真的是死熱死熱的。」因此人們需要冰爽的感覺。

◆ **懶**：傳統玻璃瓶款式的可樂，需要回收玻璃瓶，這對於不知道稍後會漫步到哪裡去的遊客來說是一件麻煩事。而這款冰可樂瓶子不用找地方回收，輕鬆實現零負擔。

◆ **爽**：咬冰塊能增加嘴巴和牙齒的感官樂趣。

可口可樂有一個細節做得很好，每個瓶子外面都配有一個手環，方便握著瓶子，不至於在吃冰塊的時候嘗到鹹鹹的汗味或是吃得滿嘴沙子，喝完可樂後，還可以把它當作手環佩戴。而且沒有了塑膠空瓶，大大減少了海邊垃圾量，也為環保做了貢獻。

延伸

我記得小時候有一款冰淇淋，俗稱「一糕兩吃」。它是一個圓柱體形狀的雪糕凹槽，凹槽是柳橙口味的冰棒質地，凹槽裡面裝著可以挖著吃的牛奶冰淇淋，我們可以挖著吃完裡面的冰淇淋後，再咬著吃外面的冰棒。

類似的，還有蛋捲冰淇淋，外面的那層酥脆的餅乾，也是既可以被當作容器，又可以吃。

你有沒有發現，很多東西的原理和想法都是類似的呢？有許多創意，除了來源於前文說的洞察力外，還來自於跨行業的一些形式上的借鑑，只要我們能非常巧妙地將它們結合起來，就會出現 A+B=C 的新生兒既視感。

就像圖 5-3 所示的這款可口可樂瓶，它可以充當自拍桿，瓶蓋上有一個凹槽，手機嵌進去就可以拍照，並且這裡還藏著一個「心機」 —— 每張照片上，都剛好會把瓶身的 LOGO 拍進去，自帶品牌傳播效果。在以色列也有一款自拍瓶，不過它是在瓶底裝有內置照相機，當瓶身的傾斜度超過 70°，就可以在喝飲料時抓拍精彩瞬間，然後上傳到可口可樂的 Snapchat、Instagram 和 Facebook 主頁上，如圖 5-4 所示。

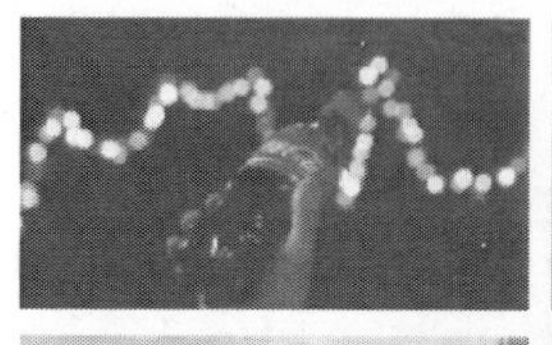

圖 5-3 可以充當自拍桿的可口可樂瓶

圖 5-4 自拍瓶

你看，這個好玩的功能為這款飲料增加了一種社交感。當大家玩起來時就會感受到 —— 因為有你，生命變得更加美妙。請記住，人們總是會對美好的事物感興趣並樂意為之買單。

5.3 案例 3：令人尖叫的跨界單品

你塗過（哦不，應該說你舔過）炸雞味道的指甲油嗎？你塗過炸雞味道的防晒霜嗎？你點燃過炸雞味道的蠟燭嗎？

「沒有。還有這樣的東西？」

真有。

在香港，KFC（肯德基）餐廳就推出過兩款炸雞味道（原味和辣味）的指甲油，如圖 5-5 所示。據說這款指甲油是用可食用的原材料製成的，塗到指甲上 5 分鐘後就可以舔，這是真正用行動演示了吮指雞腿中的「吮指」特性。

還有一個出人意料的創意，那就是 KFC 炸雞味防晒霜，如圖 5-6 所示。該產品在推出後不到一小時就售出 3,000 瓶。KFC 還風趣地向大家承諾，保證大家塗了這款防晒霜之後聞起來就像脆皮炸雞。說真的，閉上眼睛便可想像得到，在烈日之下，這種一路飄香的炸雞味道，還真不知會帶來怎樣的邂逅。

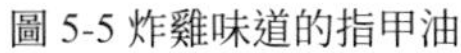
圖 5-5 炸雞味道的指甲油

圖 5-6 炸雞味道的防晒霜

此外，和味道有關的跨界產品還有冰淇淋口味的口紅、炸雞味道的香氛蠟燭，另外，還有頗具創意的漢堡包款式的單肩包……我最愛的是下面這款由德國 KFC 推出的藍牙鍵盤餐巾紙，如圖 5-7 所示。

我們在用餐時，手指上很容易沾到食物上的油漬，如果在此時需要操作手機，那就太不方便了。將這款藍牙鍵盤與手機連接後，就可以輕鬆地避免這個難題。這真的是再次回到我們前面說過的：一切創意，均來源於生活中點滴需求的洞察。

圖 5-7 德國 KFC 藍牙鍵盤餐紙

延伸

這兩年，越來越多的品牌推出了令人欲罷不能的美妝類跨界產品，其中有一款我非常喜歡的，就是「瓜子臉」面膜，如圖 5-8 所示。

圖 5-8 「瓜子臉」面膜

女性們總是會羨慕那些擁有一張瓜子臉的人，而洽洽瓜子就腦洞大開地推出了這款「瓜子臉」面膜。產品一經推出，各路網紅近乎瘋狂，尤其是外包裝與洽洽瓜子的經典紅袋一模一樣，這點吸引了眾多對洽洽瓜子情有獨鍾的用戶。

有一次我在電臺錄製節目時，與兩位主持人聊起了這件事，他們瞬間瞪大了眼睛，迫不及待地問：「什麼？哪裡有賣？還能買得到嗎？」如果不是親眼看到，我一定會以為這樣的反應是誇張的劇本。後來，我把這款圖片發到群組裡，結果再次迎來了群友們的一陣驚嘆，尤其是女性朋友，她們紛紛諮詢在哪裡能買到。

這就是跨界的魔力 —— 從一個很小的點引發一種讓大家感到驚奇的創新，然後讓大家樂意去消費，忍不住地自發傳播，同時也對這個品牌產生了新的好奇，甚至開始期待商家接下來又會玩什麼新花樣呢。

本章的最後，讓我們再來一起看看下面這些有趣的創新。

- 故宮的文化類跨界產品。
- 六神和 RIO 聯合出品的花露水雞尾酒。
- 香飄飄的變色指甲油。
- 麥當勞的漢堡鑽戒。
- 必勝客披薩味道的香水。

……

我發現了一個很有趣的現象：那些新興的品牌看起來更容易創造令人驚喜的創意，可當那些國民老字號的品牌也跟進時尚時，卻能引發消費者內心更大的歡呼聲。

所以，沒有人告訴我們，傳統企業就一定不能創新。相反，傳統品牌（行業）重新煥發生機後，帶給人們的激動和新鮮感會更強。如果你敢嘗試走近消費者，那麼這樣的零距離接觸，就很有可能會爆發出來意想不到的力量。

總結一下：

我們在本章歸納了產品跨界中的幾種形式，在案例 1 和案例 2 中，主要分享了利用開發產品本身的功能帶來更貼心的附加價值；在案例 3 中，分享的是跳出品牌本身，結合有趣的元素，創造別有新意的衍生品。

延伸思考：

1. 如果你做的是傳統產品，你的產品可以如何融入更多有趣、有溫度、有內涵的跨界元素呢？如果把你自己當作一個產品，你又有哪些不可思議的可能呢？
2. 你還見過哪些令你印象深刻的跨界產品？

第 6 章
形象跨界：如何一秒脫穎而出，喚醒用戶關注

請你打開衣櫃，看看你的衣服大多是什麼樣的風格？你有沒有考慮過嘗試一下更多的風格呢？要知道，你的可選項未必只有一個。同樣，你的產品、你開的店也未嘗不可以有其他怦然心動的獨特。

我們將在本章共同探索「形象跨界」，看看從視覺角度的創新是個什麼樣子，並一起來了解融合多元素後的跨界玩法。

6.1 案例 1：幫產品換一身會說話的衣服

如果讓你把水和音樂結合在一起，你會想到什麼創意？

「音樂噴泉？水杯敲擊音樂鍵盤？水開時的音樂提醒？」

我來分享一個真實的案例。

網易雲音樂是一個音樂串流平臺，在許多歌曲下面的留言區經常會有很多網友的評論內容。網易雲音樂利用這樣的互動創造了一個跨界合作機會：精選出 30 條優質音樂評論印在了農夫山泉的瓶身上，並用小字將網友的名字也印在了上面——「來自網易雲音樂用戶——×××」，如圖 6-1 所示。這款「樂瓶」總共發行了 4 億瓶，相當受歡迎。

圖 6-1 網易雲音樂的「樂瓶」

就像圖片上的這句話：「一次就好，一生就好，是你就好。」可能原本你只想買一瓶，看到這句話後，不自覺又買了一瓶，假裝若無其事地送給那個心儀已久的他／她。

這種令人心動的話，最能讓人一下子變得感性起來，而感性恰恰會帶來衝動性消費。

分析

「這個創意我們可以如何借鑑呢？」

要知道「有些產品本身就是一個自媒體」，網易雲音樂借助農夫山泉的產品數量巨大這個優勢，讓自己從虛擬的網路世界來到消費者的手中，變得「可視化」。同時，農夫山泉也做到了與粉絲之間的有趣互動和連結。

提到連結，我想到了一件事。

我家在吃飯時總會習慣性地打開電視。有一次，小侄子吃飯時看動畫片看入迷了，忘記了繼續吃飯，怎麼提醒他都好像聽不到。後來，奶奶說了四個字「轉臺了啊。」小侄子立刻有了回應。

你看，人們總是會特別關注和自己相關的事情。

消費行為也是一樣，這裡面有一個共同的心理現象，叫做「與我有關」。因此，在我們看到產品包裝上那些文字後，就會產生共鳴：「嗯嗯，沒錯，這就是我想要的。」「是的，這就是我的 style。」

在產品和品牌中，能讓消費者貼上「我」的標籤，產生與自己相關的聯想，就會產生情感連結，接下來就能產生價值。

人們喜歡模仿與自己志同道合、趣味相投的人，因為模仿能夠讓人與人之間產生認同感，認為彼此是同類。這就是那些很紅的短影片帳號、網紅的帶貨能力如此強大的原因。

這背後發生了一連串看不見的連鎖反應：人們在看影片的過程中產生了情感連結，緊接著產生了認同，基於認同又產生了信任、好奇，然後幻想自己擁有同款產品之後會是怎樣一種情境，於是產生了美好的期待和模仿。

回憶一下，我們自己在網購時促使我們最終下單、付款的關鍵性決定時刻，腦中浮現的畫面，或許是我們穿上這件衣服美美的樣子，或許是手捧著這個咖啡杯在陽光下享受下午茶，又或許是敷完這片面膜後水嫩的肌膚……

這一切美好的幻想和最終決定購買的想法，都是因為我們不自覺地將自己融入了消費場景，成為我們想像出來的那個場景的主角。因此，要想辦法與用戶產生連結，讓他們覺得產品和他相關，和他的「美夢」相關。

此時，我們買的衣服不只是衣服，而是某個場景下的氣質、溫婉、與眾不同、吸引力……我們買的咖啡杯不只是一個杯子，而是嚮往的生活方式；我們買的面膜不僅僅是面膜，而是更好的自己，還有成為更好的自己之後的某些故事。

總結一下，本節有三個關鍵詞：可視化、與「我」有關、連結。

延伸

你見過這樣的發票嗎？

- 顧客失戀時，訂餐留言希望老闆畫隻粉紅豬小妹，於是老闆就在發票上畫了一隻粉紅豬小妹。
- 情人節，老闆在發票下面印了一首情詩。
- 遇見有趣的老闆用發票留言跟你對話，讓你下次還想在這裡消費，就為了回覆老闆。

……

僅僅一張發票就可以變成一個互動的工具，讓未曾謀面的老闆的「真人」氣息躍然紙上。

如果能把可視化做得有創意，會進一步形成差異化。江小白是一種非常具有人格化魅力的酒品牌，總是會借助瓶身將不同的跨界元素融合在一起。例如，江小白曾借助「七夕」舉辦過一個活動，留言想說的話和照片，就可以訂製屬於你自己的「表達瓶」，最後入選的作品還會獲得大量生產，你的名字也會在上面，之後，你的文字、照片將會被更多的人熟知和喜歡（見圖 6-2）。

圖 6-2 江小白的「表達瓶」

這樣的活動很容易讓我們感受到共鳴，滿足我們喜歡表達、喜歡分享的慾望，體驗到參與感。想想看，我們熟知的可口可樂「暱稱瓶」、「歌詞瓶」、「臺詞瓶」、每日 C 的「拼字瓶」、「Say Hi」「理由瓶」（見圖 6-3），旺仔牛奶的「56 個民族版」（見圖 6-4），……是不是也是如此呢？

圖 6-3 味全每日 C 的「拼字瓶」

圖 6-4 旺仔牛奶的「56 個民族版」

「可視化」帶來了視覺吸引，「與我有關」帶來了心理觸動，最後觸發了更深的連結和行為轉化（參與活動、購買或者收集）。

那麼，「與我有關」具體還可以如何運用呢？最核心的就是換位思考，即站在對方的角度去覺察整體感受。

讓你的產品或服務與消費者和使用者產生關係（注意：消費者和使用者有時未必是同一人），讓他覺得自己也是這個行動中的一員，或者產品的某方面特質代表了他。

提供以下幾個思考方向：

◆ 我們的產品是否讓消費者（或使用者）覺得與他們相關？

例如，是否有讓消費者（或使用者）感受到這個產品某方面的特質代表了他？是否像是為了他而設計的？是否激發了他美好的想像？

◆ **我們的跨界合作品牌是否讓雙方粉絲覺得與他們相關？例如，是讓雙方的粉絲驚喜地讚嘆**：「哇，這個創意太好了！」，還是「這個……不適合我啊」？
◆ **我們舉行的大小活動，是否讓參與者感受到與他們相關？**例如，我們是否留意到那些默不作聲、躲在角落的參與者？是否照顧到參與者的不同需求？是否留出時間觀察現場的細節？是否及時為參與者提供了妥善的個性化照顧？
◆ **我們的談話，是否讓聽者感受到與他相關？**例如，聊天時，對方是否感到舒適、愉悅？我們是否總是在談論自己？我們的話題是否與對方有關，對方是否感興趣？

人們總是喜歡談論自己，總是喜歡被認可和被喜歡的感覺。無論是產品還是溝通，如果傳遞出來的是「我」被重視、被理解，「我」會因為這個產品被認可和喜歡……那麼，你的產品或溝通就有可能快速與他人產生連結。

6.2 案例 2：這瓶水長了紅鼻子

你有見過戴「配飾」的飲料嗎？

農夫山泉替它 30 萬瓶的瓶蓋戴上了一個「紅鼻子」——沒錯，就是我們在很多喜劇中看到的那種紅鼻子（見圖 6-5）。買了這瓶水，我們不僅可以獲得一個紅鼻子，還相當於做了公益——因為這是農夫山泉與英國「紅鼻子」的跨界合作。扣除「紅鼻子」的成本之後，這 30 萬瓶農夫山泉的銷售額會捐贈給公益基金。

圖 6-5 農夫山泉的「紅鼻子」瓶蓋

對於商品來講，借助包裝做創意是非常有趣並且很容易被消費者感受到的。如果沒有特別的要求，消費者往往會有很大的機率在同類中選擇它們。

分析

透過在瓶蓋上增加一個「紅鼻子」，產品就擁有了與眾不同的意義，也從同類產品中脫穎而出。這種方式在我們的生活中是很常見的。例如，米奇、米妮樣子的單車；各種花瓶形狀、帆船形狀的白酒等。

還記得跨界認知塔嗎？在形象跨界這種類型中，也有合作和突破等不同形式，既有不同品牌共同打造的形象跨界（如上面的「紅鼻子」案例），也有某個品牌借助融合新元素，突破對產品形象的固有認知（如下面的案例）。

延伸

你見過可口可樂的「禮花瓶」嗎？這款產品在哥倫比亞和日本風靡一時，只要將瓶身的包裝紙一拉，就會折疊成一朵蝴蝶結形狀的禮花，非常具有節日氣氛，超級適合送給朋友（見圖 6-6）。

可是這麼有趣的活動，有一類人群卻是看不見的，那就是盲人。因此，在墨西哥和阿根廷，可口可樂在做「share a coke with ...」（「...」代表當地人民的常用名）互動活動時，曾特別推出過一款帶有盲文的易開罐，上面用盲文寫著當地人的常用名，希望這些人士也能參與到活動中，體會分享的快樂（見圖 6-7）。

圖 6-6 可口可樂的禮花瓶

圖 6-7 帶有盲文的易拉罐

這兩個故事再次帶給我們一個啟示 —— 敏銳的捕捉力會讓我們看到用戶更真實的需求，從細節出發，與「我」相關，更能打動人。

6.3 案例 3：可以掃碼登機的飲料

跨界，就是玩起來，即跳出任何束縛的框架，酣暢淋漓地去發揮創意，先讓思想「飛」出去，才有可能結合現實設計出超出當下的創意。

「思想怎麼『飛』出去？」

我猜你也許見過在瓶身上訂製自己名字的飲料，但你體驗過拿著這瓶飲料當登機證嗎？

「什麼？」

是真的，加拿大的西捷航空和可口可樂做到了（見圖 6-8）。

圖 6-8 可以掃碼登機的可口可樂

在販售機中，乘客可以替好友訂製有其姓名的可口可樂，自己也將會得到一瓶帶有自己名字的可口可樂。更驚喜的是，這瓶可口可樂可以被當作登機證來用，掃描瓶身的條形碼聽到「滴」的一聲，即可驗證通關。

登機後，在座位前的小桌板上，還放有航空公司準備的一瓶帶有你姓名的可口可樂，讓乘客一眼便能找到自己的座位。想想看，這樣一來，鄰座陌生人之間打招呼是不是也更方便了？

分析

我不是說我們也要去跟航空公司合作，重點是要發現這背後的可借鑑之處，要找到在這一次跨界合作中主要包含了哪些亮點。

- **個性化定製**：我們大多喜歡專屬的產品，為自己和朋友訂製的產品會讓我們產生抑制不住的分享欲，以及一種自豪感，這也是「與我有關」心理的展現。在我們常見的那些客製化的 T 恤、杯子、抱枕、鮮花、餐飲等產品中，處處都存在著類似的應用。
- **創意大膽新穎**：用一瓶飲料當作登機證，你覺得很特別是嗎？這其實是一種模型—讓 A 產品擁有 B 產品的功能。在我們身邊，那些用某銀行的信用卡可以在某些地方享受尊榮服務、福利折扣，其實就是這種類型。

  只是，在飲料和航空這兩個反差極大的領域，很少有人會去嘗試，因此顯得非常特別和令人興奮。所以，尋找跨界對象時，未必要將目光鎖定在常見領域，放眼四周，說不定有一個更具震撼力的跨界合作夥伴在一個意想不到的領域正在等著你。
- **體驗感十足**：在影片紀錄中，乘客的驚喜表情將他們的心情展露無遺。出乎意料的體驗感會極大地促進人們對品牌的喜好度，甚至會大幅提升產品銷量，我們將在以下延伸部分做詳細分享。

延伸

我常聽到別人口中的一些無奈：「船大不好調頭。」「我一直想做些新玩法，可是公司很難嘗試新玩法。」與其在「渴望變好」和「裹足不前」之間糾結，不如大膽地從小範圍開始嘗試一下。

2020 年 8 月 25 日，鐵路 App 和東方航空 App 全面統一了系統，也就是說，旅客可以在鐵路 App 上一次性完成火車票和機票的預訂和支付，而無須分別在鐵路和航空兩個購票窗口預訂車票。

除此之外，還有一個地方的跨界也是實施起來較為複雜，卻經常透過形象的變化讓人們屢屢驚嘆，這就是 —— 捷運。

一個在捷運工作的朋友告訴我，他們經常會在捷運裡和捷運媒體上做各種活動，如每週的好書推薦、電影推薦，捷運裡的各種展覽和表演比賽⋯⋯

你在捷運站見過下面這些內容嗎？

- ◆「你還記得她嗎？」「早忘了，哈哈。」「我還沒說是誰。」
- ◆「如果每個人都能理解你，那你得普通成什麼樣子。」
- ◆「哭著吃過飯的人，是能夠走下去的。」
- ◆「祝你們幸福是假的，祝你幸福是真的。」
- ◆「沒有過不去的坎，只有過不完的坎。」

許多企業都曾經用或調侃或勵志的文字，在捷運廣告中掀起一陣又一陣的瘋傳（見圖 6-9）。很多人都找到了共鳴，不由自主地舉起了手機。

圖 6-9 地鐵廣告

傳統來講，廣告的畫面和文字內容大多是按照品牌方想要表達的內容來展示的，可現在能吸引我們注意並被自動傳播的內容，大多是以消費者的口吻和視角，甚至是一些極小的日常被放大，或是形成巨大反差，以此讓用戶瞬間產生代入感和共鳴感，心中不由自主地發出：「嗯，就是這樣。」「嗯，我就是啊！」「嗯！哎⋯⋯」的感嘆。

這種表達又是「與我有關」。

總結一下：

本章我們探討了一些基於形象上的創新，提到了這樣幾個概念：「可視化」、「與我相關」、「差異化」。我們再次用實例證明，只有讓思想「飛」起來，勇於突破，才能發揮出更多的創意，從而實現產品（或服務）的形象跨界。

延伸思考：

1. 在瀏覽本章案例的過程中，你的腦中閃現過哪些適合你的新想法呢？
2. 回想一下，你在日常生活中還見過哪些令你印象深刻的形象跨界？

第 7 章
體驗跨界：如何打造出乎意料的驚喜

前文中多次提到過「出乎意料的驚喜」這樣一個營造體驗感的新境界標準。本章，我們就一起探討如何透過跨界思維提升用戶的體驗感。

所謂「體驗跨界」，是指消費者和用戶在與產品（或服務）產生情感連結關係的整個過程中，融合了跨界思想和元素，從多角度增加客戶的體驗感，提升消費者和用戶對品牌的滿意度和喜好度。

這裡要強調的是，消費者和用戶有時並不是同一個人，所以，相應地，購買行為和使用行為所產生的時間、地點、情緒體驗、心理動機也可能不同。面向的人群不同，決定了體驗感的設計內容的不同，實作時一定要根據實際情況進行調整，在此不做贅述。

體驗跨界，大體可以分為以下幾種類型。

- A＋B→A'：為了提升 A 品牌的體驗感，結合 B 領域的元素或者形式，將 A 進行升級，例如案例 1。
- A＋X：A 品牌與其他品牌相結合，創造更全面或者更新穎的視覺體驗、功能體驗等，例如案例 2。
- A ∪ B ∪ C…：A，B，C…的集合，例如案例 3。

7.1 案例 1：兒童繪本中隱藏的非凡體驗

一個出版界的朋友曾給我看了一本兒童繪本，叫《聽，小蝸牛艾瑪》（見圖 7-1），我一下子就激動了起來。我的第一反應是，一定要拿給小侄子看，他一定會喜歡。結果，我們玩了好幾個下午，他開心得不得了。

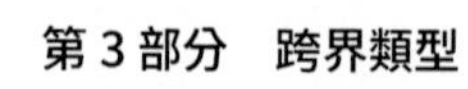

圖 7-1 《聽，小蝸牛艾瑪》

我在想，通常我們給孩子買的繪本類圖書都只是一本書，但是這本書卻很特別，簡直是一個小世界。

剛打開滿富童趣的盒子，小侄子已經激動得叫了起來，只見裡面有一本繪本、一盤光碟、一本手工書、一個材料非常豐富的材料包。好好研究了一番後，我掃描了 QR code，在手機中為小侄子播放了這本書中的故事。然後，小侄子一邊聽著音樂和故事，一邊用顏料在手工書上畫畫，畫完又用材料做了個蝸牛玩偶。令人驚喜的是，材料包裡涵蓋了許多孩子們在日常生活中喜歡玩的各種小材料。光是看著這些材料，就讓我和小侄子興奮了好一陣子。

在這本書之外，還有一個與之同名的兒童音樂劇正在舉辦巡演，我打算帶著小侄子去看。我在想，這是一本書嗎？說它是，但也不是。這是一個「月光寶盒」，是一段家人和孩子在一起獨享的美好時光。

分析

看書、聽故事、手工 DIY、畫本創作、賞音樂劇，這些元素融合在一起，已經遠遠超越了單獨一本書帶給我們的滿足。當我們在做 A 的時候，可以同時體驗到 B 的驚喜，這種在原本 A 的基礎上升級和創新，用公式表示就是：A+B → A'。這種融合的體驗感，往往帶來的是「出乎意料的驚喜」。

舉一個非常有趣的例子。可口可樂曾經與音樂平臺 Spotify 進行過跨界合作，掃 QR code 後可以自動播放一首節奏輕快的音樂，而且有趣的是，轉動瓶身，還能自動切換音樂。好玩吧？

▶ 出乎意料的驚喜

提到體驗感的出乎意料，我想起在《行為設計學：打造峰值體驗》（*The Power of Moments*）一書中分享的一個故事。

有一個小男孩和家人一起度假回來時，一直不肯上床睡覺，因為他把自己非常喜歡的長頸鹿玩偶（名字叫「喬西」）丟在了度假時入住的麗思卡爾頓酒店。為了哄孩子入睡，父母只能說謊：「喬西去度假啦，它現在還不想回家。」

當晚夜裡，麗思卡爾頓酒店的工作人員打來了電話。他們告訴小男孩的父母，喬西已經找到了。父母聽後鬆了口氣，順口把自己剛才騙兒子的事告訴了酒店工作人員。

如果你是酒店工作人員，你會怎麼做呢？

沒想到，幾天之後，這家人收到的不僅是這個玩偶喬西，還有滿滿的一疊照片，照片上都是喬西在酒店各個角落「度假」的美照：有喬西躺在那裡，旁邊有兩個人幫他按摩的；有喬西在 SPA 館裡敷著小黃瓜當面膜的；有喬西與酒店的鸚鵡打鬧成一片的……喬西真的像是去度假了一樣。

這家酒店的這一舉動，令這家人喜出望外，感動得不得了。人們總是會在驚喜時感受到世界如此美好，而打破腳本無疑是在製造驚喜時刻。這家人把這次經歷寫成了一篇文章，被人們瘋狂轉發。

你剛才的答案是什麼呢？可能大多數人只是把玩具毫髮無損地寄給這家人便心滿意足了，甚至寄快遞可能還是貨到付款。然而，這家酒店卻做了這麼一件令顧客喜出望外的事情。

有的旅行網站對酒店的評分，除了有不滿意、滿意、非常滿意選項之外，還有一個最高的評分等級 —— 令人出乎意料的驚喜。那麼，非常滿意和出乎意料的驚喜之間的區別是什麼呢？

據有關數據統計，前者有可能向朋友推薦這家酒店的機率是 60%，而後者則高達 94%。

這也就是為什麼在國外有些高級酒店的服務生會有 500 美金的使用權限 —— 他們可以在權限範圍內最大限度地滿足顧客的需求，一切以顧客滿意為第一準則。

總結一下：我們從這個案例背後挖掘出了一個新的理念「出乎意料的驚喜」。此外，與體驗感相關的還有一個非常重要的定律「峰終定律」。

▶ 峰終定律

諾貝爾獎得主、心理學家丹尼爾．卡尼曼（Daniel Kahneman）經過深入研究，發現對體驗的記憶由兩個因素決定：高峰時與結束時的感覺。人們所能記住的是在峰與終時的體驗，而在過程中體驗的好壞、好壞體驗的比重、時間長短，對記憶幾乎沒有影響，這就是峰終定律。這裡的「峰」與「終」也就是在服務界非常重要的「關鍵時刻（Moment of Truth，MOT）」。

舉個例子。一些兒科醫院會在診療結束後，送給小孩子一顆糖或一個小氣球等，這樣即便就診過程很痛苦，但最後有一個甜甜的結果，那麼孩子對這個疾病診斷過程的痛苦印象就不會那麼深刻。

1996 年，卡尼曼等人進行了一個著名的實驗。在這次實驗中，682 名需接受大腸鏡檢查的病人被隨機分成兩組：一組病人體內的檢查器械在檢查結束後被立即撤走，因此檢查帶給病人的劇烈疼痛感很快被終止；另一組病人體內的檢查器械在檢查結束後沒有被立即撤走，而是停留了一段時間，因此病人仍然會感到不舒服，不過已經沒有大的疼痛感了。結果發現，第二組病人對大腸鏡檢查的體驗要比第一組好得多。

想想看，我們去遊樂場玩，去大型賣場購物，千里迢迢參加某個明星的演唱會……在整個過程中，難道就沒有讓我們覺得苦惱和煩悶的地方嗎？然而，我們為什麼還會興高采烈地渴望下一次呢？這就是過程中的峰值體驗的作用。

宜家的購物路線也是按照「峰終定律」設計的。它的「峰」，就是購物過程中的小驚喜，比如，便宜又好用的掛鐘、好看的羊毛毯、物美價廉的美食等；它的「終」，就是出口處提供的冰淇淋。這款冰淇淋是宜家所有產品中的「銷量王」，在消費者離開時，再次創造了一次「巔峰」的體驗，讓人們忘記了購物過程中的不好的體驗。

宜家起初開設餐飲服務的目的只是為了增加顧客的體驗。畢竟，如果我們在購物過程中飢腸轆轆，就很難保持一個好心情和好狀態來選購商品，如果逛到中午要去外面吃飯，極有可能是不會再回來繼續逛了，必然會造成客戶的流失。

因此，宜家在購物區設置餐廳，這樣不僅可以延長消費者逛街的時間，而且更重要的是，宜家的餐飲價格非常低，在無形中讓我們留下了「宜家的東西就是物美價廉」的印象，而這個印象又被投射到整個宜家品牌上。

除此之外，峰終定律可以運用在任何場景中，如面試的過程、演講的內容設計、培訓流程設計、消費體驗的設計、聊天的過程、與戀人的約會、帶孩子嘗試一項新的挑戰……

延伸

類似在 A 的產品形態中融入 B 的元素（形式），在實體界中應用得非常多。例如，大家熟知的海底撈火鍋出名的美甲服務就是如此。

▶ 不正經的書店和咖啡館

還有我們現在看到的非常多的各種主題咖啡廳，如洗衣咖啡廳、日記咖啡廳、紋身咖啡廳、花房咖啡廳、書店咖啡廳……還有一些書店，已經完全不僅僅是個書店，而是一個時空 —— 有的書店內有景觀、小溪；有的融合了各個領域的文創；有的有高高的看臺區；有的有服飾……

我最常去的三家書店分別是：西西弗、回聲館、閱開心。不同的書店猶如主人的影子般，帶著與眾不同的氣息，儘管同樣是文化氣息，卻各有不同。

西西弗書店是一家連鎖書店。在西西弗書店內，總能感覺到舒適和滿滿的求知慾。書店裡有賣咖啡，有文創產品區，有一個兒童閱讀體驗空間（每次帶小侄子去書店，他都能穩穩地待很久，還能交到新朋友）。它們還從事圖書出版業務，同時還經常舉辦各種讀書會和主題沙龍，還會有作家親臨現場。

回聲館給我的印象是「大」，館內有好幾層，我習慣於在一樓選幾本好書，在二樓長長的閱讀臺階上找個安靜的角落靜靜地看書。館內有專門的畫畫區、攝影區、烏克麗麗區、書法區、零食區、茶水休息區……簡直可以讓人待上整個下午。

常去的那家閱開心書店是家生活館，也是各種跨界體的集合。一樓入口是一家花店，二樓才是其主戰場。有趣的是，這個通往二樓的樓梯被他們布置得像是一個「人生隧道」 —— 長長的樓梯，在一片優雅的弧線中顯得夢幻而優美。這裡除了文藝青年喜歡的油畫、手作、花藝之外，還有一個紅酒區。兒童區人氣比較旺，家長和孩子都很喜歡圍繞在散步的機器人旁邊。

我很喜歡樓梯扶手上的那些暖心文字，不經意地一瞥，總能讓人心底泛起一陣溫暖或感嘆……挑高的二樓半的彎曲走廊中，各種寂靜的調調，一沙發一世界。

現在的書店越來越「不正經」了。我們常稱呼那些同時擁有許多標籤的人為「斜槓青年」，如果把品牌也擬人化，那體驗跨界帶來的便是一個「斜槓品牌」——花店不再單純地賣花，咖啡廳不再只是賣咖啡，書店不只是賣書，連捷運也不僅僅是一種交通工具了，而是變成了某種人群的生活方式，變成了城市生活的呼吸地。

每到一個城市，如果時間來得及，我是一定會去這座城市的書店逛一逛的。每個城市的書店都有它獨特的味道，承載了店主的夢想，也承載了這個城市的文化氣息。我總是非常期待又有哪些品牌在「不正經」地玩新東西了。

這樣的「不正經」帶來的小驚喜、戳到心窩的小感動，就是我們一直探索的、前文中我們重複過多次的——出乎意料的「美好」體驗。

▶ 可以直接吃的食譜

你見過的食譜都是什麼形式的？

「雜誌、書、App，基本上這些居多。」

如果你的食譜可以吃，你會是什麼感覺？

宜家有一個非常受歡迎的創意，獲得了 2017 坎城創意節戶外類的金獎，那就是 Cook This Page。這是宜家加拿大公司打造的一款創意食譜，你只需要按照指示，把食材和調味料放在食譜上標明的位置就好了，然後將所有食材捲起來混合在一起，放進烤箱中，10 分鐘之後就能吃了，如圖 7-2 所示。食譜是安全可食用級別的材料，可以撕下來，和食材一起捲起來放進烤箱，而這些食材在宜家都有販售。

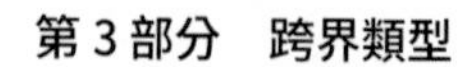

圖 7-2 宜家（加拿大公司）可以直接吃的食譜

對於不會煮飯的人來講，傳統食譜裡講的「適量」、「一湯匙」、「一克」究竟是多少？我相信很多人和我一樣，根本搞不清楚。但是在這個食譜裡，你只需要按照他們畫的範圍大小來放，就是正合適的用量。

因此，這不僅是一本食譜，更是一個廚房新手的救星，就算不會煮飯，也不懂用量，煮飯也能成為一件簡單、減壓、有成就感的事。

「這個創意是怎麼來的？」

你還記得曾經非常紅的減壓塗色本《祕密花園》嗎？靈感就是從這裡來的！設計師考慮到，既然可以用顏色在紙上填空塗色，那麼美食可不可以用食材填空呢？於是，就有了這本 Cook This Page 創意食譜。

看到了嗎？從其他領域來的靈感激發了跨界新玩法！還記得那個冰可樂和一糕兩吃、蛋捲冰淇淋的例子嗎？它們之間也是有著相似之處的。

7.2 案例 2：實體店的跨界驚喜

你住酒店時，有沒有過想要買酒店裡的同款枕頭、同款檯燈？你有沒有過因為出發太匆忙而來不及帶備用衣服的情況呢？

「有啊，有時候看到它們用的東西很好，很想買回來一個，可是不知道哪裡有賣。」

有這麼一家酒店，既可以住，又可以購物。網易嚴選和亞朵酒店共同打造了一種很文藝的酒店，讓人看起來就感覺很舒適，而且顧客喜歡酒店用的哪個產品，可以在網易嚴選的網站下單，也可以在酒店櫃檯直接買走（見圖 7-3）。

圖 7-3 既可以住又可以購物的酒店

分析

在這個跨界合作中，網易嚴選相當於開了一個線下體驗店，同時又有亞朵酒店在酒店領域的支持；而亞朵酒店不僅在酒店領域再次創造了一個吸引人的酒店創新，而且酒店內本來所需的各種產品，也因為有了與商家的合作而省去了不少麻煩和成本。

一個優秀實體店的跨界合作，並不僅僅是雙方元素的簡單疊加，更重要的是，基於雙方的資源和優勢的融合，為用戶增加非同一般的體驗感，營造難忘的巔峰體驗，這樣才能增加顧客對品牌的喜好度、實體店的口碑傳播、顧客數量及消費頻率。

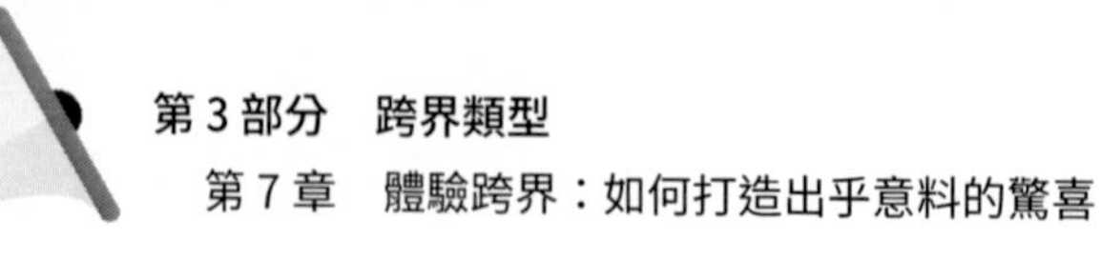

▶ 「愛屋」之後，「及烏」了嗎

主題酒店在很久前就有了，並且在餐飲業、KTV 界也有應用。不過，我為什麼要在這裡以亞朵酒店為例再次強調呢？

因為有的主題房間只是做到了品牌的聯名，或者說是視覺上的借鑑，有其形而缺其神。如果想讓用戶有更深刻的體驗，就需要考慮在消費者與品牌發生交互的各個環節，是否有更深入的、特別的體驗感，是否在合作中增加了創意設計和互動。

亞朵的知乎酒店曾被稱為是一個「裡外都有問題的酒店」。我記得看到這個新聞標題時，心裡真的「咯噔」了一下，結果是虛驚一場，原來這又是一個有趣的跨界合作。

例如，酒店餐廳內，有一些知乎 App 上的熱門「吃貨」類問題，如「有哪些簡單易做的早餐？」在問題下方附有 QR code，顧客可以透過掃碼查看互動答案；在洗衣房區域，酒店很自然地布置了知乎上關於衣物護理等一些生活經驗的內容；除此之外，透過房間內的音響還可以免費收聽知乎上的付費音樂……

像這樣在用戶體驗過程中增加的更多元化的互動，會讓用戶感受到更深入的連結。反過來，如果只是與品牌視覺上的結合，用戶的熱情就很容易消退，或者會導致「看的人多、買的人少」，大家去拍拍照就走了，這樣的跨界合作雖然對品牌有一定傳播作用，但如果實際消費轉化力不足，那麼最終將會導致品牌方收穫到了曝光度，而實體店方卻只能收穫到無奈。

因此，不僅要做視覺上的結合，更重要的是如何在體驗環節中精心策劃，借用品牌形象在消費者心目中的影響力，使消費者產生情感連結，從而真正做到「愛屋及烏」，而不是「愛屋」而來，卻沒有「及烏」而去。

延伸

除此之外，實體店還能怎麼「玩」呢？

朋友想把她的火鍋店做成音樂火鍋。

我問她：「什麼樣的音樂火鍋呢？」

她說：「我們特別在裝潢的時候做了一個舞臺，每天晚上可以請一些歌手來駐唱。」

我問她：「還有嗎？」

她說：「沒了，就是讓大家邊聽歌時，邊感受到吃火鍋的嗨呀！」

我說：「如果僅僅是一個舞臺，就叫音樂餐廳，那現在那麼多餐飲店都有舞臺和駐唱，豈不是都叫『音樂餐廳』了嗎？這個不足以形成差異化。」

我們要找到自己的「祕密」所在，而這個祕密就是別人即便知道了，學會了，也是無法替代的。

暢想一下：如果顧客坐下時，桌面上有一個小設備會響起一段特別的音樂；等餐的過程中，有與音樂相關的互動，如顧客在座位上用我們設定的某個軟體唱一段歌，根據系統評分，可以享受到一些特別的待遇，然後當天某個時段內的錄音中，得分最高的那一位顧客，可以領取某個特別的獎勵，或者為大家現場唱歌等。也就是說，讓顧客參與進來，真正地玩起來；臨走送別時，門口迎賓服務員以經典歌曲的幾句歌為大家送別……

除此以外，我們還可以整合許多與音樂相關的資源，不定期地邀請一些歌手「驚喜到店」，舉辦粉絲見面會；抽取一些與音樂相關的禮品（禮品可以尋求贊助）；可以與音樂相關的培訓機構合作，在非營業時間舉辦沙龍；可以設定不同的主題，由顧客錄製歌曲，在大螢幕上不定期地巡迴播放，讓新老顧客都可以感受到在這裡大家可以這麼嗨，這麼有故事，這麼有感情。

類似這樣的內容創意還有許多，再加上店內與音樂相關的各種視覺元素的呈現，針對特別的區域，可以設定特別的「儀式感」，想想看，如果有一個區域的預訂總是爆滿，需要提前一週預訂，那麼自然而然地傳播效應就來了；想像一下，當你想要開啟這個區域的門簾，你需要說出指定的一句話，門簾才會自動開啟。想想看，顧客的印象深刻嗎？

一個有血有肉的跨界合作，不僅僅是單一層面的。它的美好不能僅停留在視覺層面，還要有參與感，以及由此引發的情緒（或情感）上的美好感覺，這就是我們常說的「情感共鳴」。

7.3 案例 3：集合型商業絕非簡單的聚集和拼湊

除了前面這兩種體驗跨界外，還有一種當下非常流行的「集合體」。例如，有些商圈、購物中心會有「文藝市集」，集合了消費者喜歡的各種東西。

商業體搶奪的不僅是消費者口袋裡的金錢，還包括消費者的時間，而搶奪時間的最直接有效的方式，就是提升其體驗感和期待值。一次逛街就可以體驗到更多的樂趣，有更多的收穫（哪怕是消費所得），都將使消費者擁有精神上的飽腹感和消費時間上的值得感。

還有一種形式是類似於綜合體驗店類的主題店。有一個朋友開了一家女性主題的生活店，上下三層樓，集合花藝、咖啡、紅酒、甜品、服裝、手作、私密空間、沙龍、電影、等為一體，他稱之為「一站式女性休閒生活方式集合店」。

分析

如果仔細對比你會發現，有些集合體透過產業的疊加，提升了客流量和消費額，還有一些集合體卻事與願違。因此，單純的產業疊加，並不一定能夠造成正向推動作用。

那麼，如何做才能是有效的集合呢？這裡有一些細節跟大家分享。

▶ 是否有鮮明的主題和關聯性

雖然不同產業的疊加可以為消費者節約時間成本，但在此之前，有一個很重要的問題需要考慮 —— 消費者為什麼要來這裡？該答案折射出的是，這個集合體的定位是什麼？要在消費者心中留下的是什麼？

如果只是簡單的疊加，就很難在消費者心中留下深刻的印象，更難以形成口碑效應。假如在品牌進駐之前，在產品和品牌選擇、視覺呈現、場景設計、消費體驗等方面，均能夠圍繞一個共同的主題進行一致性的規劃，就會比單純的集合體更令人記憶猶新。

例如，懷舊主題、粉色浪漫公主風、科技風、電影主題等，借助燈光色調、代表性視覺元素的設計、與主題相關的小道具在整體空間的滲透、日常線上線下宣傳及互動的延續、客服溝通的話術……全方位地將主題定位和文化內涵滲透進去。當然，在具體操作過程中，我們還有許多現實性問題需要考慮和解決。

請思考：如果是引入一些品牌，如何與之創造一個共同的主題？這些品牌的流量如何？可供整體創新的空間如何？品牌調性是否與主題相匹配？引入的多個品牌之間是否可建立關聯？是否在某些方面有些許衝突？如何創造更多的融合，使得品牌資源之間是「加乘」關係，而非「掠奪」？再現實一些，這些集合體的負責人的思維如何？溝通合作的心態如何？配合度和執行力如何？自主創新能力如何？

▶ 是否有優勢品牌帶動

社會上每年都會出現非常多的網路流行語、卡通形象、熱播電視劇等，如果能夠借助這些品牌將相應的元素融入店內，就可以借助到很好的效果。不過，由於熱度是有時效性的，因此在選擇優勢品牌時，需要注意，如果主題場景是固定不變的，那就要選擇在消費者心中具有穩定地位的品牌進行合作；如果主題場景的定位不變，但元素需要常換常新，那麼可以借助「快閃店」的形式，在不同時期選擇不同的品牌進行定期更新，但這種方式的成本比較高。例如，有些商場經常在場內外做各種主題展，如海洋主題、卡通形象主題、植物主題、熱播電影形象主題等。

如果前兩種的成本都比較高，還可以選擇創立一個自主品牌，透過各種行銷手段培養知名度和人格化特徵，創造與粉絲之間的連結，打動消費者。

延伸

「做一個集合體要考慮的方面這麼多，到底該如何選擇可融合的資源呢？」

首先，我們知道集合體這樣的體驗跨界抓住了現在人們時間緊張、無法耗費多餘精力（體力）的痛點，滿足了人們在最短的時間，用最少的體力體驗到更多內容的需求。這其中涉及一個非常重要的點，那就是「消費者洞察」。

概括起來，你所選擇的集合體中的元素需要包含以下幾個特質。

- **人群符合**：集合體中各個資源主體的目標人群需具備共同的某種特質。
- **情景符合**：發生交互時所需要的環境或場景類似。
- **調性符合**：產品或品牌在價格、風格、情感等方面的定位基本一致，且符合目標人群的喜好。

那麼，具體又該如何選擇呢？我們可以採取簡單三步法，具體如下。

- **分析**：分析消費者。
- **排列**：根據消費者初步定位並列舉符合要求的資源目標。
- **篩選**：根據資源的實際情況，進行綜合篩選。

補充一點：在品牌的選擇上，要根據自己的發展階段選擇調性相符合的品牌，並非哪個紅選哪個。例如，很多麥當勞快閃店的主題與套餐中的玩具是一致的，這樣就可以帶動相關套餐的銷售，不需要哪個品牌紅選哪個，以避免前面我們提到的「皮囊」合作帶來的尷尬問題。

總結一下：

本章我們分享了 3 種類型的體驗跨界，可以應用在產品、服務、實體店中。此外，我們還提到了 2 個概念—「出乎意料的驚喜」和「峰終定律」，還分享了創意靈感的來源，以及在做體驗跨界時需要注意的思考點。接下來，期待你能夠為用戶創造出一個嶄新的體驗感。

延伸思考：

1. 本章案例讓你獲得了哪些啟發？
2. 回想一下，你在日常生活中體驗過哪些令你印象深刻的跨界創意？

第 8 章
行銷跨界：如何讓你的創意不可思議

在本章中，你將看到更多有趣的創意。

所謂「行銷跨界」，就是品牌在行銷推廣中，與不同品牌或其他行業的資源、元素相結合，資源相互滲透，最終達到行銷創新和突破。

常見的行銷跨界，基本上可以分為以下幾種類型。

◆ **形式融合**：A 品牌融合 B 領域的元素或形式，以達到行銷上的創新，例如案例 1。

◆ **品牌融合**：A 品牌與 B 品牌結合，以創造新穎的行銷活動。

- 品牌與其他品牌形象或者電影的聯合行銷，例如案例 2。
- 多個品牌之間的聯合行銷：多品牌聯名（一方主導或者共同發起某項新活動）、買 A 送 B、A ＋ B 權益組合，例如案例 3。

◆ **管道融合**：借助一方或雙方的管道資源，優勢互補。如在 A 場地做 B 活動、互相推廣，例如案例 4。

◆ **競爭式創新**：競品之間的創意競爭，例如案例 5。

8.1 案例 1：麥當勞和溫度的創意

在荷蘭，一旦天氣溫度快達到 38.7℃，廣告牌旁邊就會陸續聚集很多人。

「為什麼呢？」

因為氣溫一旦到了這個溫度，就可以免費吃冰淇淋了！

麥當勞曾攜手戶外廣告代理商在街頭的廣告牌玻璃窗中放入了 100 個冰

淇淋杯子。這個玻璃窗被安裝了熱感應裝置，當廣告牌感知到外界溫度高達 38.7℃之後就會自動打開。人們可以拿著廣告牌裡面的冰淇淋杯，去附近的麥當勞免費領取冰旋風冰淇淋（見圖 8-1）。

圖 8-1 免費領取麥旋風冰淇淋

不僅如此，麥當勞在全球 24 個城市同時發起了以「imlovinit 24」為主題的各種創意活動，且每個地方的創意都不同，如圖 8-2 所示。

圖 8-2 imlovinit 24

比如，里約熱內盧的創意就帶給消費者極深的感受。眾所周知，里約熱內盧非常熱，所以，麥當勞就在街頭發放免費的冰淇淋券。是不是感覺很爽？

「免費券這種形式感覺很平常啊！」

是的，免費券相當常見，可是用冰塊作為兌換券的形式真的非常特別。麥當勞的這些冰淇淋兌換券不是紙質的，而是刻有其 LOGO 的冰塊，你必須在冰塊融化前跑到麥當勞餐廳去兌換，如圖 8-3 所示。

圖 8-3 麥當勞冰塊式冰淇淋免費兌換券

此外，麥當勞還想出了一些令人意想不到的玩法：穿睡衣免費吃 24 天漢堡；高速公路收費處免過路費，還有免費漢堡吃；巨無霸的紙盒打開後會自動播放音樂；機場行李傳送帶中，你的行李會被悄悄繫上一些薯條、圓筒等形狀的行李牌，你可以到麥當勞領取美食；拍大頭貼時，機器吐出來的不是照片，而是麥當勞的薯條……

分析

我相信，如果你所在的城市有這樣的活動，你多半也會懷著一顆好奇心一起參與，甚至有可能告訴你身邊的同事、朋友，期待著他們問你：「在哪裡在哪裡？怎麼參與？」

你會不會想說，麥當勞太懂我們的心情了。這麼熱的天氣，送上一個冰淇淋，太喜歡了！重點是，它送冰淇淋的形式居然多種多樣 —— 冰淇淋杯、冰塊、穿睡衣、行李吊牌……

在這本書中，我們一再強調一個邏輯，那就是對用戶心理的掌握。你可以猜測一下，這裡面使用到了什麼樣的心理現象？

答案是：先後用到了「占便宜」、「新奇」、「害怕失去」、「安全感和對比」、「聚眾效應」、「多變的酬賞」等一系列的心理效應。

▶ 占便宜心理

大熱天能夠免費吃到冰淇淋，誰能不心動呢？重點是，這個品牌是令人信賴的。可是，你千萬不要以為行銷只發生在宣傳推廣之時。在我們與產品互動的售前、售中、售後，其實都滲透著行銷手段。

曾有一家糖果店，生意比其他家都好，尤其是回頭客非常多。這就讓人感到很奇怪了，每家的糖果品項都差不多，價格也差不多，稱重的準確度也差不多，究竟哪裡有差別呢？

後來發現，老闆每次在稱重時，有一個細節與別家不同。別的老闆都是一下子裝了許多糖果，超重後再一顆一顆向外拿掉多餘的糖果，而這家老闆在稱重時，總是先少裝一些，然後一次次地再往裡面添加糖果，稱重完畢還會來一句：「來，再送你幾顆。」

如果是你，你喜歡哪家呢？

很顯然，我們都喜歡「多一點、再多一點」的「擁有」感，而在第一種方式下，糖果都已經被裝進袋子裡了，再拿出去，就會讓人產生一種「失去」的感覺。

▶ 新奇感和害怕失去

在麥當勞拿冰塊作為兌換券的案例中，我們不知道冰塊什麼時候會化完，面對這樣有趣的兌換券，感覺新奇得不得了，強烈的好奇心讓我們忍不住想要在冰塊融化完之前，拿到麥當勞去兌換。

問題來了：冰塊的融化所映射的是人們什麼樣的心理現象？是失去。冰塊兌換券的新奇感，令我們被吸引，而害怕失去，則令我們想要即刻參與。

相比渴望，人們對失去會更加心痛和在意，因此人們更害怕失去。甚至對於一些人來講，失去自己原本並不需要、並不喜歡的東西，也會有不捨或不甘。還有一些諸如優惠倒計時、達不到要求而某項特權將被收回等，借助的也都是人類「害怕失去」的這種心理。

▶ 安全感和對比心理

那麼，是不是多給，多讓大家「占便宜」，就一定能讓我們的品牌令人喜歡，讓銷售量獲得增長呢？

答案是：不一定。

在我們的生活中，收到免費的體驗券早已屢見不鮮，可是很多人拿著券也不去用，甚至聽到是免費領取什麼禮物時，第一反應是拒絕。因為我們的腦中有個聲音會在第一時間告訴我們：「哪有這種好事？」「騙人的。」「肯定去了之後要讓我消費其他東西。」

當下很明顯的一個現象是，各種免費的課程越來越多，為什麼我們不再輕易參與？因為我們發現，獲得的品質沒有期待中的那麼好，白白浪費了時間。免費，變得越來越貴。越來越多的人對「占便宜」更加謹慎。所以，讓人感受到安全、可信任的「便宜」，才會有效。

「為什麼糖果店中，就可以透過『占便宜』心理使其生意比別家好呢？」

因為對於初次購買的顧客來講，這份「小便宜」超出了他的預期，而且這份「小便宜」的背後沒有任何風險，是確定的、安全的。與此同時，這份「額外的獎賞」實現了在這家店購買和在其他店購買的差異化，正好滿足了消費者內心「對比」的心理需求。

有研究顯示，當人們感受到「我比你多」時，就會激發大腦的「獎賞區域」，產生一種愉悅的感覺。就像以同樣的價格，你買到的東西品質更好、品牌更好；或者同樣的產品，你花的費用更低；或者你獲取了別人暫時還不知道的資訊、資源，這些都會讓你心裡比之前更愉悅。

「那麼，為什麼那麼多的人，大熱天不怕熱，早早地就在廣告牌旁守候？」

這裡面除了有品牌的公信力保駕護航下的「占便宜」心理外，還涉及兩個心理學的概念：聚眾效應和多變的酬賞。[05]

05　在《上癮》（*Hooked*： *How to Build Habit-Forming Products*）一書中，作者提到上癮模型的四個階段—觸發、行動、多變的酬賞和投入，這是讓用戶養成使用習慣（和你的產品「談戀愛」）的幕後祕訣。

▶ 聚眾效應

你有沒有聽說過這個故事？

有一個人在路上走著，突然抬頭向天上看，然後他旁邊的人也好奇地抬頭向天上看，之後便發生了「西洋骨牌效應」——後面越來越多的人抬起頭向天上看。其實，天上什麼都沒有，最先這麼做的那個人只是想打個噴嚏而已。

廣告牌附近人群的聚集就被稱為「聚眾效應」。以前我常跟母親一起逛菜市場，菜市場上的這種現象更明顯。越是有人群聚集的攤位，生意就越好，尤其是菜市場快要收攤時，如果遇到有一兩個人還沒買完，老闆著急收攤，這份緊迫感往往會促使顧客瘋搶，而買的人越多，吸引來的人就越多，很多老闆在收攤時賣的甚至比一個早上都多。

這是為什麼呢？

在聚眾效應的背後，包含著「好奇」和「趨同」這兩個心理因素。人們總是會對新奇的、不解的事物保持高度的關注，同時，又總是不由自主地做出「趨同」反應。好奇心讓人們被「抓住」，趨同心讓人們「產生行為」，保持與多數人的一致，這會讓人們擁有「安全感」。不得不承認的一件事是，大多數人都或多或少地在某些方面缺乏安全感，並不自覺地受「安全感」的影響而做出一些決定。

▶ 多變的酬賞

1940年代，心理學家詹姆斯·奧爾茲（James Olds）和彼得·米爾納（Peter Milner）在研究中偶然發現，動物大腦中存在一個與慾望相關的特殊區域，被稱為「依核」。當在小白鼠的腦部植入電極後，每當小白鼠壓動電極控制桿，這個區域就會受到微小的刺激而產生愉悅感。很快，老鼠便依賴上了這種感覺，甚至不吃不喝，冒著被電擊痛的可能也要跳上通電網格，目的就是想要透過壓動電極控制桿，讓自己的腦部受到電擊，以獲得愉悅感。

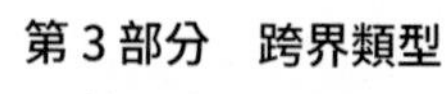

史丹佛大學的教授布萊恩．克努森（Brian Knutson）測試了人們賭博時大腦中的血液流量，發現賭博者獲得酬賞時，依核並沒有受到刺激，相反，他們在期待酬賞的過程中，這個區域發生了明顯的波動。

這說明，驅使我們行動的並不是酬賞本身，而是渴望酬賞時產生的那份迫切需要。

除此之外，在 1950 年代，心理學家斯金納（Skinner）用鴿子進行了類似的實驗。但這次，他先將鴿子放入裝有操縱桿的籠子裡，鴿子只要壓動操縱桿，就能得到一個小球狀的食物。結果是，和前面實驗中的小白鼠一樣，鴿子很快便發現了壓動操縱桿和獲得食物之間的關係。之後，斯金納做了一個小調整，將兩者的關係變成了「不一定」，也就是在壓動操縱桿後，鴿子有時能得到食物，有時得不到。斯金納發現，當只能「間歇性」地得到食物時，鴿子壓動操縱桿的次數明顯增加了。

這個實驗形象地解釋了驅動行為的原因。最新的研究也證明，多變性會使大腦中的依核更加活躍，提升多巴胺的含量，促使我們對酬賞產生迫切的渴望。

這也是我們會不停地滑社群軟體的原因之一，因為我們也不知道我們接下來將會看到什麼。這種期待，這份對未知訊息的渴望，恰恰活化了大腦的依核，促使我們不斷地重複這個動作。

里約熱內盧的天氣很熱，但誰也不知道哪一天的哪一個時刻，溫度會首次達到 38.7℃。這個就有趣了，這份不確定感和緊張感使人們充滿了渴望和期待，在溫度即將到達 38.7℃時就守在廣告牌附近，在玻璃罩開啟後，人們爭先恐後地拿紙杯，則更是一種體驗上的刺激。

懷著期待的心情，大家到最近的麥當勞領取冰淇淋，一路上的期待和心動，想必有著多巴胺的不少功勞。想想看，我們常見的幸運大轉盤、抽獎、中樂透等活動，是否包含了「多變的酬賞」呢？

延伸

假如我們將「多變的酬賞」運用到那家糖果店中，會不會有不同的結果呢？畢竟，每次都是多幾顆糖果，我們容易習以為常。

倘若，老闆今天多送的是幾顆糖果，下次多送的是其他小玩意，再下次讓我們玩一次抽獎。層出不窮的玩法會讓你更喜歡這裡，你會覺得這個老闆太有趣了。這種「重複」性的、不傷害「安全感」的軟廣告，會讓你深深地記得這位老闆和這家糖果店。

再延伸一下，上面我們「多變」的是禮品的種類和形式，那麼，如果我們「多變」的是獲得禮品的條件呢？

你可以像那家高端酒店一樣，給你的店員一定的權限，每日送禮的條件由他來定。

例如，今天送給衣服上有某種顏色的顧客，明天送給消費某種金額／某款指定產品的顧客，後天送給長髮過肩的顧客，大後天送給右手開門的顧客，大大後天送給情侶入店的顧客⋯⋯禮物也可以隨機，還可以替這個小活動起一個有趣的名字——「好運的您」（獻醜了，你們一定比我想得好）。

你還可以根據當天設定的獎品規則和獎品內容，開心而又調皮地對顧客說：「恭喜您獲得了今日『桃花運』一份。」注意語氣，一定要開心、親和、有感染力，此刻，你一定會看到這位顧客睜大了眼睛，而後面排隊的顧客一定也會伸過頭來探望。

因此，請不要將跨界誤解為一定要和其他品牌合作才是跨界。真正的跨界，是突破原有邊界，這個邊界可以是品牌的邊界，也可以是原有經營範圍的邊界，更可以是形式的邊界等。

8.2 案例 2：跨界品牌的聯合

如果問你：「令你印象最深的品牌聯名合作，你能說出哪幾個呢？」

知名品牌不限於電影品牌、網路紅人、卡通形象、遊戲人物等，如我們熟悉的變形金剛、小小兵、憤怒鳥、巧虎等。

想出答案了嗎？

接下來，我想先與你分享幾個有趣的案例。

你是否有過想要對某個人說的一些話，只說了前面一半，後半句說不出口？或者，你是否有時明明想說的是挽留，卻說出了分手？

- 「我們共有過去，卻各有未來。」
- 「曾經想過的以後，最後都變成了懷舊。」
- 「後來的我們，總是話說一半，卻學會把話藏進酒裡。」
- 「後來的我們學會了收斂情緒，也學會了藏起心意。」
- 「我最大的遺憾，是你的遺憾與我有關。」

……

這就是酒業品牌江小白和電影《後來的我們》做的聯名，在網路上發布了一系列的聯名海報，以及訂製款的小酒，如圖 8-4 所示。活動期間，參與者轉發貼文，還能抽獎獲得演員簽名海報。

這其中最吸引我的地方是，文字的力量。

我看了網友的留言，很多人都說這些文字「很走心」，然後忍不住也分享了自己的故事，或者分享給了最終成為故事的那個人。

不知道你看到這些文字，會不會也有一絲絲的傷感和懷舊，或者會不會有一些共鳴呢？同樣是和電影結合，這個不僅沒有牽強的生硬感，也並不讓人反感，而是會讓我們很想要去參與，想要寫出我們心裡的話。

圖 8-4 江小白和電影《後來的我們》的訂製款小酒

分析

和品牌結合時，並非誰的品牌響亮誰就適合。否則，很容易僅僅引起一時的關注度，卻無法在深層次上與粉絲產生共鳴和連結。

我們來看看衛生用品企業維達的故事。

自 2009 年起，維達先後與喜羊羊、海綿寶寶、功夫熊貓、迪士尼《海底總動員 2》、Emoji 等卡通娛樂品牌合作，像是喜羊羊、海綿寶寶、Emoji 這些卡通形象為主的衛生紙系列主要針對兒童；功夫熊貓系列主要針對青少年和動漫一族。

時任維達生活用紙類高級總監的戴啟穎，在接受採訪時說，他們考慮合作品牌的因素主要有以下三個。

- 第一個因素是品牌的契合度，即具體合作品牌和維達本身的品牌調性是否相符。
- 第二個因素是用戶的契合度，即兩者的目標用戶是否能夠精準匹配。
- 第三個因素是品牌產品化後的投資報酬率，即品牌的熱度和粉絲基礎能為品牌持續帶來多少銷售量，轉化成忠實用戶的又有多少。

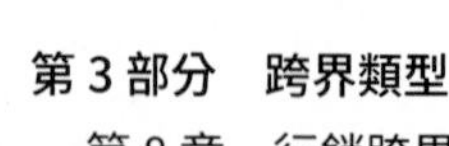

現在獲客成本越來越高，獲客增速又在逐步放緩，與此同時，消費者對品牌的忠誠度越來越低，尤其是年輕的消費群體，他們更願意去嘗試新興品牌。在這樣的挑戰下，品牌方就需要更加關注用戶的需求和想法，選擇能夠與用戶產生連結的品牌結合，才有可能激發用戶產生新的興趣。

延伸

品牌聯名的例子還有許多，例如，我們幾乎每天都在用的 Emoji 表情符號，與各行各業都在玩跨界，像我們熟知的百事可樂、巧克力、行動電源、撞球等，都有與之聯名創新出好玩的單品，在這個萌牌面前，簡直各行各業都能與之「談場戀愛」，如圖 8-5 所示。

是時候想一下，你能夠與哪些品牌產生連結，並給你的粉絲一個大大的驚喜呢？

圖 8-5 Emoji 表情包的跨界創意

8.3 案例 3：多品牌聯動

在品牌界，杜蕾斯的創意一直堪稱是大家學習的典範。

2017 年的感恩節，杜蕾斯一天之內「撩」了 13 個看似毫不關聯的品牌，重點是，撩得很奇妙，被撩的這些品牌回覆得也很奇妙，如圖 8-6 和圖 8-7 所示。

從當天早上 10 點起，每隔一個小時，杜蕾斯都會在社交平臺上向一個品牌送出「感恩海報」，一直持續到晚上 8 點。官方貼文的格式很統一：一句感謝的話＋ @ 品牌方＋海報圖片。例如，感謝你的掩護 @ 青箭 - 你我清新開始；感謝你帶來的開始 @ 德芙悅時刻……當天，一些被 @ 的品牌，也迅速以杜蕾斯的格式紛紛做出了一語雙關的回覆。

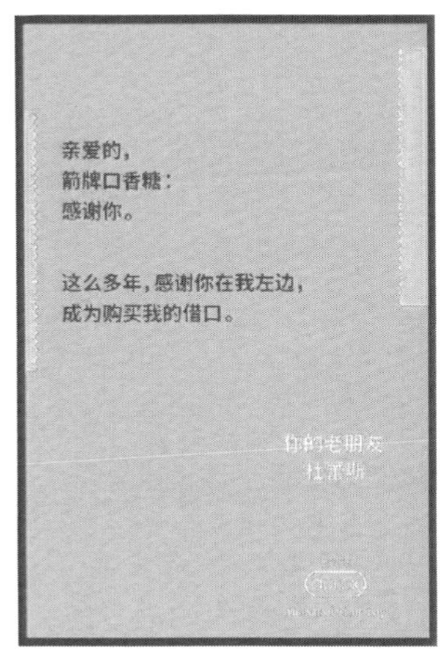

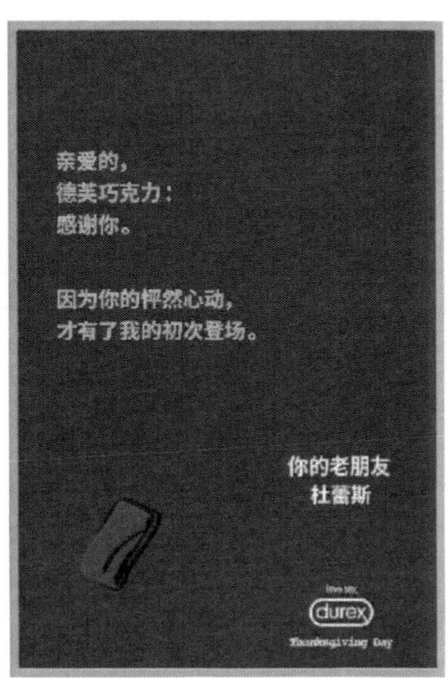

圖 8-6 杜雷斯 @ 其他品牌

圖 8-7 被杜雷斯 @ 的品牌回覆

當然，還有一些主動感謝杜蕾斯的品牌也紛紛加入這個陣營。這些看似無關的品牌，也都詼諧而又簡潔地表達了對杜蕾斯的感謝。有趣的是，杜蕾斯團隊迅速地轉發貼文並評論：「交了你這個新朋友。」

網友的腦洞也真的是奇大無比，有網友提議杜蕾斯最應該感謝的是避孕藥，甚至連文案都幫他們想好了——「親愛的杜杜：每次你闖了禍，事後都是我幫你擦屁股。」

這一波感恩節的互相感謝，可謂熱鬧非凡，堪稱經典。直到如今，這個事件還被不斷地提及。

分析

從表面來看，口香糖、廚房、牛仔褲、手錶等，他們與杜蕾斯幾乎是完全不同領域的產品。但是杜蕾斯的團隊從日常生活出發，用簡潔的語言詼諧地表達了其中的關聯，成功地玩了一次跨界品牌的聯合。

還記得前面我提到的「場景化行銷」嗎？海報或者廣告，要在用戶心目中種下一顆種子，使得他們在某些特定時刻能夠自然而然地想到你的產品。當你的產品能夠有出乎意料的其他使用場景或者功能時，往往更能激發起用戶的好奇和傳播。

下面，讓我們來一起探討一下，為什麼杜蕾斯能夠一次次地刷新人們的視野，調動大家的熱情和注意力。

▶ 洞察力

杜蕾斯的幕後團隊一直以來都非常具有洞察力，無論是「感恩節」事件，抑或是日常大家熟知的各種潮流跟進，我們都能從中發現，杜蕾斯總是能夠透過事物之間的關聯，找到契合點。

例如，寫給青箭口香糖的感恩文案，為什麼寫「這麼多年，感謝你在我左邊，成為購買我的藉口」？主要是他們注意到了在超商中，口香糖和杜蕾斯的擺放位置，想到顧客在購買時的心理活動，才寫出了這樣貼切的文案。

再如，前陣子出現的某品牌汽車的漏油事件，杜蕾斯依然巧妙地抓到了流行，發文說：「×× 漏油，我們不漏。」

▶ 品牌知名度

引起大家廣泛參與的品牌或者產品，最好是大家熟知的，只有這樣，用戶才會懂你的意思，懂了才會參與。就像江小白的表達瓶，大家明白「後來的我們……」這句話背後的深意，聯想到關於自己的故事，才能更好地進行參與。

▶ 產品自身特性

說實話，並不是所有的品牌都能夠成為杜蕾斯這樣的品牌，或者使用這樣的玩法。有些品牌本身就不是能被調侃的，這與產品本身的功能和調性有關，畢竟趣味性強求不來。不過，趣味性並非是唯一選擇，也許可以嘗試走感性路線。

有一點是非常值得我們參考借鑑的：透過有趣和細膩的洞察，製造劇情，建立與用戶的連結，有助於我們創造適合於我們自己品牌的創意方案。

延伸

以上只是多品牌跨界中的其中一種，日常企劃中，用得比較多的不僅有上述線上聯動，還有線下的跨界聯名。常見的品牌聯動類型如下。

- **買 A 送 B**：這個非常好理解，我們也常常見到。例如，你在一家花店買花，老闆送給你一張咖啡券，可以在旁邊新開的咖啡店喝咖啡。雙方的人群是匹配的，可以互相引流。
- **A ＋ B 組合**：這個我們通常會在節日的禮盒中見到，A 產品和 B 產品共同結合，組合成一個新的產品形式。例如，花和紅酒的組合、美妝類產品的組合、電子類產品的組合等。

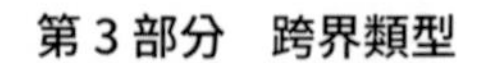

◆ A ＋ B **共同舉辦某項活動**：這種形式就多種多樣了，兩個或多個品牌共同發起和參與某個主題活動，互相投注資源，共同推出一個新的活動，有時是一個品牌主導，其他品牌贊助支持；有時是幾個品牌共同發起一個新的品牌專案，正如我們常會在某個海報的一角看到幾個 LOGO 放在一起展示。

8.4 案例 4：管道跨界

管道的跨界，基本上可以概括為：借助其他品牌或領域的管道，增加自身產品和品牌的曝光度、流量或銷售量。我身邊有許多朋友經常會做一種活動，那就是 B 在 A 的場地做主題活動，如此一來，A 為 B 提供場地資源，B 為 A 帶來人流。

舉個例子。曾經有一個線上糕點品牌，糕點外包裝盒上印製了與主題相關的網路語言，在本地知名的商場做免費品嚐和贈送的活動，參與者只要達到活動的要求，就可以免費獲得一份糕點。

糕點品牌借助商場的人流量和聯合宣傳，提升了品牌曝光度和新顧客對產品的體驗感；商場則借助糕點品牌為商場顧客謀取了一次福利，增加了商場的品牌活性；對消費者而言，能夠參與新活動，還能拿免費禮物，尤其對吃貨而言，這真是一個再好不過的福利了。一場活動下來，妥妥的三贏。

再舉個例子。養樂多和多家企業都合作得非常好，他們經常會贊助一些沙龍活動，到企業辦下午茶，這也是一種管道和產品之間的跨界合作。

這樣的合作大多是在某個發展階段，為了提高品牌曝光率，提升新用戶對產品的體驗，建立情感認同而展開的管道跨界。

還有一種情況是，雙方互相借助管道，互相推廣。

舉個例子。如果你開了一個非常唯美的油畫工作室，你可以跟旁邊的花店合作，這樣你油畫工作室的花就不用買了，而顧客來你這裡時如果想要購買花，就可以經由你的介紹到這家花店購買；而這家花店也可以擺放一些你的油畫作品，引導一些愛畫畫的人到你這裡學習油畫。

互相推廣的形式多種多樣，所有可以拿到交換的資源，如果能滿足雙方的需求，符合品牌的調性，就很容易達成合作。這種合作就像你有一盤蘋果，他有一盤橘子，另一個人有一盤梨子，共享一下，每個人都可以享受到三種水果，於是就變成了一頓美味的水果餐。

8.5 案例 5：你敢不敢跨到競品那裡

有沒有可能借助競品來做行銷上的宣傳呢？當然，我所說的是正向的，一定不能是惡意詆毀的。

有一家世界 500 強的環球快遞公司叫 DHL，他們在人員、物流上占據著一定的優勢。他們曾做過一個非常有趣的創意廣告，讓競爭對手幫他們宣傳。

他們把一些半人高的鋁箔箱子刷上熱感材料，下單其他快遞公司為他們送一個大箱子。這個箱子很奇特，起初在冰凍到零度以下時是黑色的，看不出異樣。但是，快遞員在送貨途中，箱子的溫度會慢慢升高，此時，原本箱子上的文字就會顯露出來。這些文字是：「DHL is faster.（DHL 更快）」，非常調皮，如圖 8-8 (a) 所示。

於是，大家看到其他快遞公司扛著「DHL is faster.」的大箱子滿街跑，簡直就是一個行動廣告。儘管這些快遞公司不樂意，但卻不能不送……後來，有些快遞公司實在忍不了的，只好用膠帶將箱子上的這些字遮蓋住，如圖 8-8 (b) 所示。

有些品牌之間的較量是非常耐人尋味的，甚至極有深意。

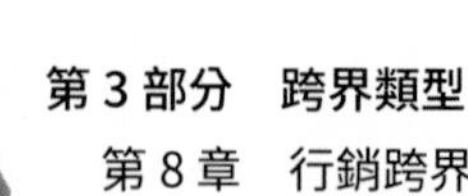

(a)

(b)

圖 8-8 DHL 借助競品的創意廣告

總結一下：

我們一起探討了行銷跨界的幾種常見方式和模型，其實大多數的行銷跨界都會融合前幾章的一種或多種跨界類型。此外，我們也提到了幾個心理現象：占便宜心理、好奇心和害怕失去、安全感和對比心理、聚眾效應和多變的酬賞。

現在，你準備好探索該如何創造一個屬於你、適合你的跨界方案了嗎？下一章起，你將會掌握一系列非常實用而又有效的跨界實作步驟。

延伸思考：

1. 你打算在產品和品牌方面如何運用行銷跨界的祕密呢？
2. 如果你自己就是一個品牌，你打算如何經營你的人生呢？

附上啟發跨界創意的幾種方法：

1. 找尋與自己類似的同類型產品的跨界案例。
2. 找尋國內外亮點創意，啟發思維。
3. 在生活中發現並累積跨界創意的素材，且樂於詢問。
4. 擁有智囊團，獲取外部腦細胞。
5. 不斷提升跨界力。

第 4 部分　著手跨界

從本章起，我們一起進入跨界的實作單元 —— 著手跨界四步驟。

你聽過這個腦筋急轉彎嗎？

把大象裝進冰箱需要幾步？

三步！第一步：打開冰箱。第二步：把大象塞進去。第三步：關上冰箱。

其實我們的跨界與這個的邏輯很像，就是前面多了以下三步。

(1) 搞清楚為什麼要把大象塞進冰箱裡。是一定要做嗎？有沒有別的方法？（畢竟這是個非常規的任務）

(2) 如果沒有別的方法，我們就要去找到一個適合的、夠大的冰箱，還有一頭聽話的大象。

(3) 然後我們要跟大象商量：「你進去一下吧，好嗎？」畢竟我們沒有力氣抱得動一頭大象。

最後，打開冰箱，把大象塞進去，關上冰箱，Oh yeah ！

搞清楚了整個流程，現在我們從品牌運作的角度來思考一下上面這幾個步驟，是不是對應的就是以下幾個問題。

- 發掘你真正的需求 —— 需求定位。
- 鎖定你需要的對象 —— 對象鎖定。
- 找到並成功說服 —— 成功砝碼。
- 策劃並成功執行 —— 策劃執行。

接下來的四章，我將分別從這四個步驟入手，逐一拆解背後的邏輯，並與大家分享大多數人會遇到的問題。

第 9 章
需求定位：四個基本方面，精準定位跨界需求

一位知名教育平臺的區域加盟商與我聯絡，說他們剛代理一個品牌，希望我能夠支持他們，請我幫忙邀約 30 名對家庭關係方面感興趣的朋友參與他們的論壇。我答應了，結果不到 1 個小時，就邀約到了 50 人。

然而，在核對具體細節時，我發現他們將更多注意力放在了活動人數和聲勢方面，對粉絲參與感受卻沒有足夠的關注。

但我希望我的粉絲朋友能有一個美好的體驗，於是創了一個群組，並招募了志願者，分別負責名單統計、簽售書籍預訂、門票發放等瑣碎的細節。我特別感動的是，大家很踴躍，甚至在群組成員的提議下，我們一起訂製了衣服，當天穿著閨蜜裝出席。

如果我們足夠真誠，大家一定能感受得到，反之，即便是（別人的）粉絲被帶來了，自己也留不住。

那麼問題來了：大家這麼辛苦辦一場大會的目的究竟是什麼？

一定有人認為，大會就是為了造勢，只要人數夠了，就萬事大吉。然而事實卻並非如此，因為造勢的目的是讓慕名而來的新粉絲了解並喜歡我們。

後面這五個字尤其重要。

因此，諸如聯合招募、社群合作之類的粉絲管道合作時，我們要考慮是否要提前了解對方粉絲的特性？如何能夠提供更多的服務和支持？現有的環節設計是否能讓對方喜歡？我們還可以與誰合作？怎樣與對方溝通？怎樣能夠讓合作長久，讓別人的粉絲願意「留下」？

9.1 分析需求的四個基本方面及工具

期望和現狀之間的區別就是我們的差距。但是，這個差距未必就是我們當下的需求，我們必須清晰地將其剖析，透過時間橫軸和任務縱軸，將其與所需資源和條件相搭配，才能做到有的放矢。

用公式表示就是：期望 - 現狀 = 差距≠現階段需求

有句話叫：「你以為的未必就是你以為的。」所以，僅僅站在企業自身的角度是不夠的，需要全局思維。

我一直在思考一個問題：大家在跨界時，究竟會基於什麼樣的需求和想法？雖然在調查時，我發現了大家最常提到的幾個關鍵需求，可是，這些是否涵蓋了所有的可能？於是，我又從企業、用戶、領導者、社會四個角度（見圖 9-1）出發，分析了可能存在的需求動機，最終總結出來常用的四個需求方面，其分別是知名度、業績指標、用戶體驗、情感連結。

領導者角度

企業角度 ———▲——— 用戶角度 ▶ 社會角度

圖 9-1 企業、用戶、領導者、社會四個角度

01 角度 1：企業角度

事實證明，大多數決策者選擇跨界合作的原因，是基於企業本身的需求，這是本能的「與我相關」，大多數企業都認為自己需要提升產品銷量、新用戶數量或者知名度。

然而，這裡有一個陷阱。

若你用了波士頓矩陣分析後就會發現，有些產品已經到了需要考慮是否下架或者調整口味的時刻，如果此時還在考慮如何透過跨界做行銷，或者沒有從消費者方面考慮導致銷量低的真實原因，那就很容易本末倒置，徒勞無功。

因此，從企業角度分析時，重點是要確定企業在當下較為具體的核心需求，並判斷其中哪些需求是可以透過跨界來實現的。

要想找到企業需求，就要清晰地了解企業現狀，以下推薦幾種分析工具僅供參考。

▶ 工具 1：SWOT 分析法

SWOT 分析法及跨界合作策略如圖 9-2 和圖 9-3 所示。

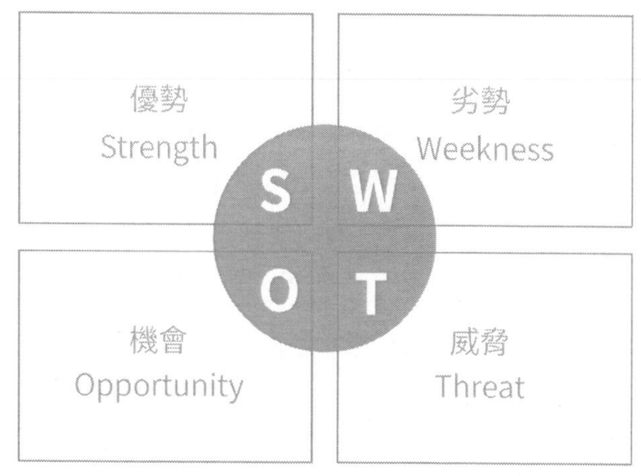

圖 9-2 SWOT 分析法

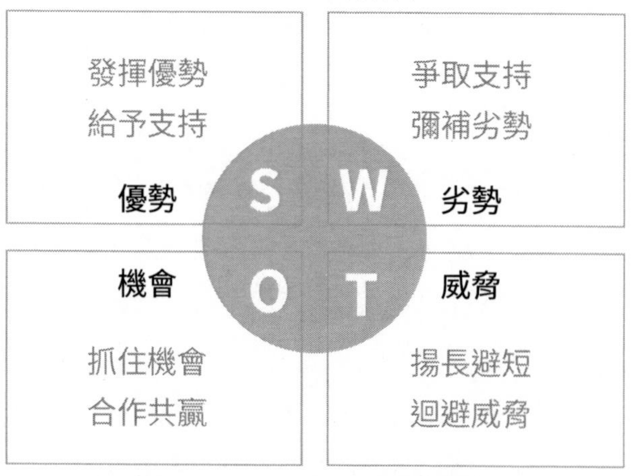

圖 9-3 SWOT 分析法（跨界合作策略）

「SWOT」是 Strength、Weakness、Opportunity、Threat 四個英文詞彙的首字母縮寫，分別對應的是：優勢、劣勢、機會、威脅。我們可以借助這個模型，非常清晰地從產品、品牌、企業等角度分別評估分析我們的內部資源和外部環境，進而調整企業資源及發展策略。

有了清晰的自我認知，非常有助於我們在跨界合作的溝通中，明確需求並找準自己的位置。我們既可以透過這樣的分析來了解自己，也可以分析我們的跨界對象。這樣，我們就更能了解到我們能提供對方的支持、我們所需要的支持、對方能提供的支持、對方所需要的支持都有哪些。最好的合作是，雙方能夠彼此滿足，並從心底真誠地感激對方的支持。

延伸一點：SWOT 分析法還可以用於我們的個人發展、家庭規劃、職業選擇、日常消費選擇方面。

▶ 工具 2：波特五力分析模型

波特五力分析模型主要用於許多行業競爭策略的分析，它可以有效地分析客戶的競爭環境。這五力分別是供應商的討價還價能力、購買者的討價還價能力、新／潛在進入者的進入能力、替代品的替代能力、行業內競爭者的競爭能力，如圖 9-4 所示。這五種競爭力決定了企業的盈利能力，如圖 9-5 所示。

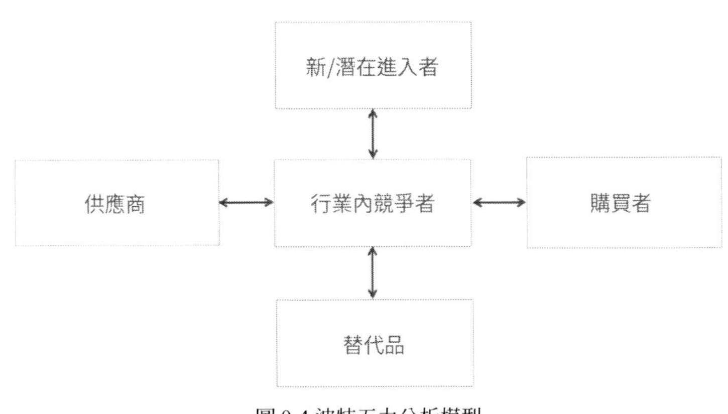

圖 9-4 波特五力分析模型

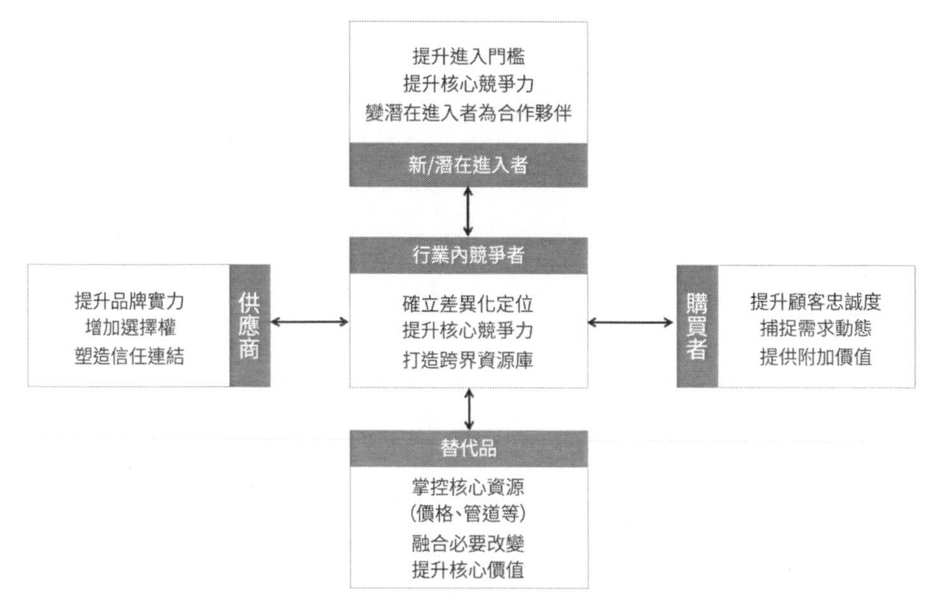

圖 9-5 波特五力分析模型（跨界合作策略）

舉個我們之前做女性平臺的例子。2017 年，我們開始籌備女性論壇，到現在已經成功舉辦了 4 屆 500 人的論壇，以及各種個人提升類的主題沙龍，每一場報名人數都爆滿。一年後，當地大大小小的女性社群層出不窮。借助該模型，我們該如何分析自己呢？

◆ **供應商的討價還價能力**：這裡的供應商指的是支持我們活動的講師、贊助商，由於當時我們的社群感染力和初心被大家認可，願意支持的朋友都是發自真心的，這一點是很和諧的。

◆ **購買者的討價還價能力**：購買者對應的就是我們的粉絲。用他們的話講，我們的真心讓他們很感動，他們很願意跟著這樣的社群提升自己。所以，我們的品牌認同度很高，我們與粉絲的關係也很和諧。

◆ **新／潛在進入者的進入能力**：在社群中，最不可避免的就是偶爾出現私下加別人好友，然後拉到其他群組裡的情況。曾經有群友跟我說他莫名其妙地就被某個人拉到了他們的群組裡，甚至從活動主題到流程、老師、互動方式都在模仿和複製別人。

- 替代品的替代能力。換句話說，就是自己的核心競爭力有多強，是否能夠輕易被替代。調查中我們發現，我們吸引粉絲的是我們給到他們的感覺，這是其他同類社群所沒有的。
- 行業內競爭者的競爭能力。也就是說，其他同類社群之間的競爭關係如何，對整個行業的影響如何。2018 年起，同質化的社群和雷同的活動，為粉絲參與活動的積極性帶來了一定的打擊，因為體驗感良莠不齊，還有個別新興的社群過於直接地以利益為目的，使得大多數的朋友對類似的活動降低了信任和期待，由此產生了一定的負面影響。

分析完後，我發現我最需要做的是提升我們的獨特性 —— 核心競爭力，於是，我調整了運作方式。所以，透過這套分析我們可以逐步找到自身的弱項和核心競爭力，並確定方向，換句話說，就是找到我們想透過核心行動創造什麼樣的價值。

那麼，新的問題來了：我們分析出來的待提升價值，對企業目前來說是否重要，是否是必要的呢？我們來看下一個工具。

▶ 工具 3：波特價值鏈分析

由美國哈佛商學院著名策略學家麥可 · 波特（Michael E.Porter）提出的價值鏈分析法，把企業內外價值增加的活動分為基本活動和支持性活動，其中，基本活動創造價值，支持性活動確保基本活動的運行，基本活動和支持性活動共同構成了企業的價值鏈，如圖 9-6 所示。

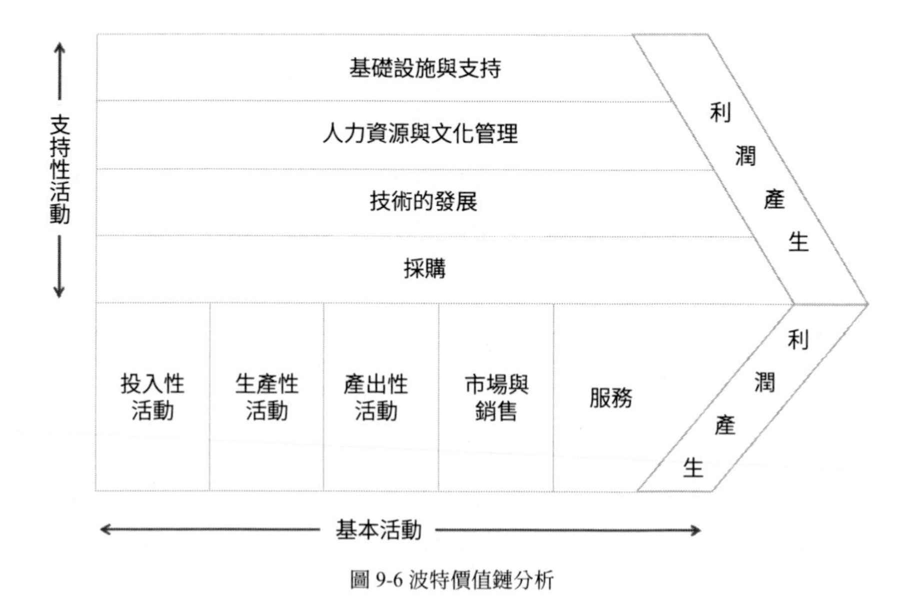

圖 9-6 波特價值鏈分析

◆ 基本活動涉及企業生產、銷售、後勤、發貨、售後服務。

◆ 支持性活動涉及人事、財務、行銷企劃、研究與開發、採購等。

對不同的企業而言，並不是每個環節都創造價值，實際上只有某些特定的活動才真正會創造價值，這些真正創造價值的經營行為，就是價值鏈上的策略環節。因此，企業要保持的競爭優勢，實際上就是企業在價值鏈某些特定的策略環節上的優勢。

我們可以從這兩方面來運用波特價值鏈分析方法：一方面，確定企業的核心競爭力，以及需要特別注意的企業資源；另一方面，分析在公司運行中有機會提高價值或降低成本的環節。這將有助於我們更加準確且有效地選擇跨界資源。

舉個例子。前文中我們提到的那家 9 天時間營業額增長了 21 萬元的連鎖熟食店，正是透過跨界合作，不僅透過「策略環節」——行銷活動，提升了客戶貢獻價值（其實也包含客戶獲得的價值），還增加了「支持性活動」的效能——降低了採購成本。

這個模型不僅可以幫助我們分析自身產品，還可以用來了解我們的合作夥伴。如果我們能夠「看見」[06] 並恰到好處地「展示」我們的價值以及願意提供的支持，以幫助對方實現價值提升或降低成本等，那將非常有助於雙方跨界合作的達成。

可是，新的問題來了：如果產品品項比較多，或者合作資源有限的情況下，我們該怎麼辦呢？還有我們前面提到的那個問題：如何避免徒勞無功呢？來看下一個工具。

▶ 工具 4：波士頓矩陣

波士頓矩陣（BCG Matrix）是由美國著名的管理學家、波士頓諮詢公司創始人布魯斯．亨德森（Bruce Henderson）提出的，這個模型主要用來分析和規劃企業產品組合。在矩陣中，坐標軸的兩個變量分別是所在市場的成長率和市場占有率，這樣就出現了 4 種類型的產品，如圖 9-7 所示。

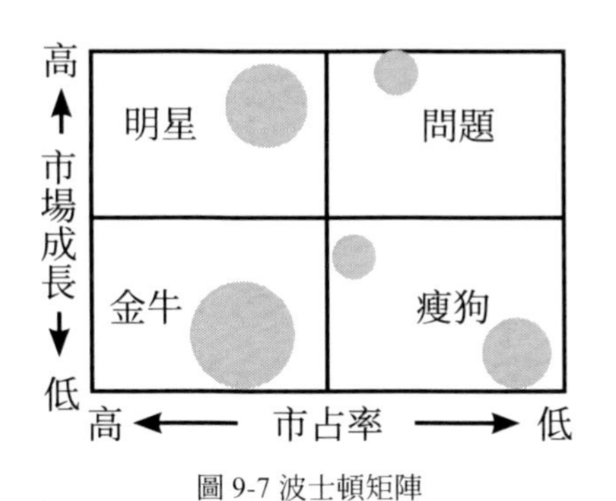

圖 9-7 波士頓矩陣

- **金牛**：在低成長市場上具有相對高的市場占有率的商品，將產生好的現金流，它們能向其他方面提供資金。
- **瘦狗**：在低成長市場上具有相對低的市場占有率的商品，經常是中等現金流的使用者，由於其虛弱的競爭地位，它們將成為現金的陷阱。

06　看見：整合心理學的核心概念之一，在這裡是指我們看見自身的需求和資源，同時也看見對方的需求和資源，並透過溝通、策劃方案等舉措，使對方也能看見雙方的需求和資源。

- **明星**：在高成長市場上具有相對高的市場占有率，通常需要大量的現金以維持成長，但具有較強的市場地位並將產生較高的利潤，它們有可能處在現金平衡狀態。
- **問題**：在迅速成長的市場上具有相對較低的市場占有率，需要大量的現金流入，以便為成長籌措資金。

波士頓矩陣和其他分析方法一起使用效果會更好。透過分析，可以不斷地淘汰無發展前景的產品，保持「問題」、「明星」、「金牛」產品的合理組合，思考是否要淘汰或整頓「瘦狗」產品，最終實現產品及資源分配結構的良性循環。因此，在進行跨界合作之前，要清楚企業當前和下一步的主要發展策略是什麼，將有限的跨界資源與需要的產品相結合。

該贊助哪一款？

有一次做活動時，一家面膜品牌大量贊助了一款面膜。這款面膜用起來非常好用，活動結束後，在大家想再購買一些時，問題出現了 —— 這款面膜沒有了。品牌負責人解釋說，這款面膜不再生產了，當時贊助也是想消化庫存，現在主推的是另一款更高端的面膜。我一看，這兩款面膜的價格相差三倍。

如果是你，你會選擇購買新推出的面膜，還是惋惜放棄呢？

你會將跨界合作的機會當作處理存貨的時機，還是當作為新品贏得體驗感的機會呢？在贊助產品時該如何選擇產品呢？是選擇成本低的產品，還是選擇品質最好的產品？是選擇銷量最高的產品，還是選擇當前主推的產品？

- **原則一**：體驗感第一。不要為了節省成本而贊助快過期的、瑕疵的產品，也不要贊助最廉價的產品。贊助的核心目的是營造良好的用戶使用體驗感。如果想要節省成本，可以減少贊助數量或者調整贊助方式，但對於所提供的產品來說，建議是以提供用戶良好的體驗感為主。
- **原則二**：選擇符合當下發展需求的產品。無論是促銷你的「瘦狗」產品，還是推廣你的「明星」產品或新品都可以，重點在於，你是否對下一步的發展策略已經有了足夠的規劃。

波士頓矩陣可以解決產品多、資源少的問題。那反過來，如果是願意合作的資源較多，那麼又該如何選擇呢？我們看下一個工具。

▶ 工具 5：GE 行業吸引力矩陣法

這個模型也被稱為「奇異公司法」、「麥肯錫矩陣」、「九盒矩陣法」。這個矩陣的兩個軸分別表示市場吸引力和所研究對象（產品、品牌、企業等）的實力或競爭地位，如圖 9-8 所示。透過分析這兩個變量，確定研究對象在矩陣中的位置，並由此來確定需要採取的策略。在此基礎上，可以進一步判斷是否有必要進行跨界合作，以及合作方式和程度該如何選擇。

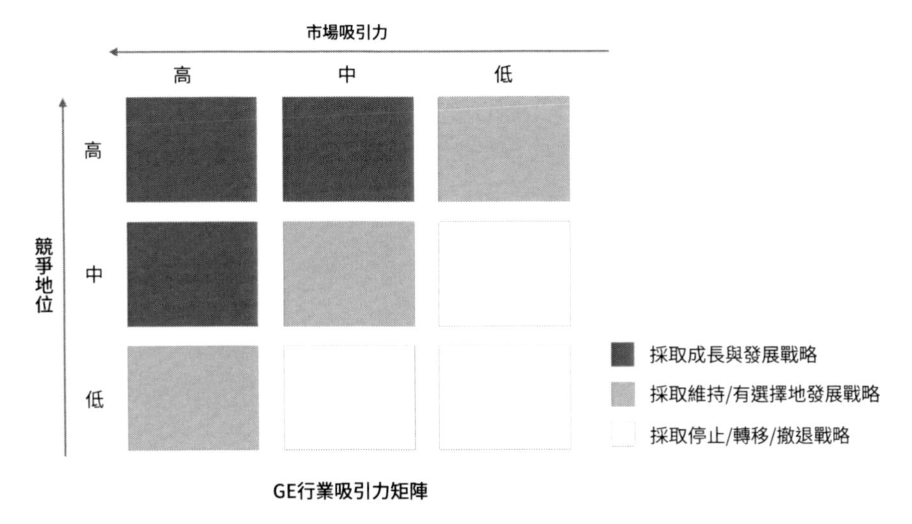

圖 9-8 GE 行業吸引力矩陣

和 SWOT 分析法類似，該模型也可以用於對跨界對象的認知分析。也就是說，當我們面對多個合作對象需要選擇時，這個模型可以協助我們分析判斷，並幫助選擇更加合適的跨界資源。

有一個問題值得我們探討：那些當下市場吸引力不高、競爭地位不高的產品或品牌（對應於圖中白色區域），就一定不能和我們一起跨界創新或跨界合作嗎？期待你的答案。

必須提醒的是：如果我們的競爭地位和市場吸引力都很高，雖然我們具備一定的優勢，但是，請務必收起我們的「傲嬌」。在跨界合作中，「自以為良好」的情緒不僅對跨界合作沒有絲毫的幫助，反而會削弱我們個人在跨界圈裡的口碑。

02 角度 2：用戶角度

分析完企業目前所處的狀態，我們基本上對企業所面臨的各種外部環境，以及企業自身的競爭力和條件有了更加全面的了解。這個時候先不要著急下結論，因為我們想的未必是我們的用戶或者消費者所感知到的，我們願意給的也未必是他們想接受的。

「怎麼知道他們想的是什麼呢？」

在此，我想分享三種常用的方法，尤其特別分享第三種方法，明確了解與客戶／顧客接觸過程中存在的資訊盲區（灰盒子模型），知道用戶內心究竟在想什麼。

▶ 了解相關領域公布的官方數據

我們可以試著從相關領域的官方網站或行業報告中，了解到行業內的客觀現象、趨勢，某些人群行為特徵的變化等。我們可以捕捉最新的資訊，有時這些新的數據會讓我們大吃一驚。「只緣身在此山中」會導致「認知盲區」，因此，在個人認知範圍有限的情況下，多關注一些相關的行業動態和官方的研究報告，是一個填補認知盲區的快捷方法。

▶ 調查老用戶或潛在用戶

有一個小問題是，大範圍研究和統計出來的結果往往是大眾的趨勢，而我們需要盡可能清晰地了解我們的用戶是怎麼想的，他們是否與大眾有所不同。我們應去傾聽他們的聲音，任何的猜想都不如直接溝通來的快捷、準確。

拿到答案之後，一定要進行背後動機和心理的剖析。因為有時用戶也會「心口不一」，會不經意間影響你的判斷。如果我們用的是訪談式研究，那麼在溝通時，可以去嘗試了解更多背後的故事，同時要注意觀察對方在溝通時的微表情，這些表情和動作會告訴你更多資訊，包括你得到的答案是否具備參考價值。

▶ 細心洞察用戶的行為和內心

我們要相信一點，消費者是切身體驗者，他們能清晰地體會和感知到在購買、使用等各個環節中的滿足和不足。他們最有發言權，而這個「發言」並非一定是口頭的反饋，行為語言、肢體語言、情緒語言往往是更加真實的表達。

有時某個客戶只在你這裡消費了一次便不再來了，或者諮詢完產品資訊便不再光顧了。這個過程中，一定是悄無聲息地發生了什麼，只是我們沒有意識到，或者有可能連消費者都沒有意識到，這就是「資訊的盲區」。

▶ 問題 1：消費需求中的資訊盲區

對消費者真實需求的認知，從消費者和企業兩方面來看，往往會出現如圖 9-9 所示的四種情況：消費者知道 + 企業知道、消費者知道 + 企業不知道、消費者不知道 + 企業知道、消費者不知道 + 企業不知道。

其中，企業這個角色可以替換為更加具象的某個產品或者品牌的負責人，或者某個門市的老闆，用字母表示，B 端就是賣方，C 端就是消費者或用戶（以下小標題文字中的「你」代表消費者或用戶，「我」代表品牌方或者企業、老闆）。

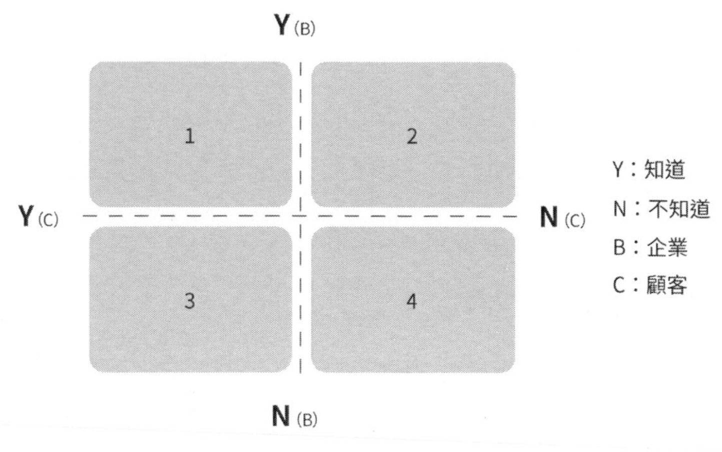

圖 9-9 需求認知匹配模型

(1) 你知我知

消費者知道他要購買的是什麼，知道他的真實需求是什麼，而你也清楚地知道消費者的需求以及你能夠滿足他的需求。在這種情況下，往往會出現兩種情況 —— 快速成交，或轉身離去。

舉個例子。30 歲那一年，我非常想送給自己一個四葉草的項鏈，於是逛百貨公司的時候，就到不同品牌的首飾專櫃去看。第一家沒有，便直接去第 2 家，第 2 家的款式不是我喜歡的，便去了第 3 家……雖然每一家的櫃姐都很熱情地向我推薦了其他款式，但我都沒有接受。我說：「四葉草代表著好運，就像我名字的諧音一樣，所以，我想送自己一個特別的禮物。」櫃姐知道了我的真實想法之後，便不再勸說，而是貼心地告訴我會幫我留意一下之後的新款。這種情況下的互動就非常的輕鬆直接。

(2) 你不知我知

消費者不清楚自己的真正需求，但我們已經洞察到。於是，我們可以藉由滿足消費者的這些需求，實現價值或創造出乎意料的驚喜。

在一部電視劇中，男主角開了一個網拍服飾店，起初訂單非常少，他便花大量的心力和資金請模特兒穿著他的衣服拍照。他的兄弟不解，嫌他浪費錢。他卻說：「你以為網路上的顧客心動的是什麼？只是衣服嗎？不，是感覺，他們買的是一種感覺！」

事實的確如此，大量的消費者並不知道自己真正需要的是什麼，只是在透過看似有效的途徑來滿足自己。此時，消費者容易進行衝動消費、盲從消費，或者錯誤消費，容易受到外界的影響，比較感性。如果我們能夠提前洞悉消費者的心理狀態，並及時引導，就能大大提升產品的吸引力。

有一件事我印象非常深刻，那就是我大四時曾在華碩公司實習過一段時間。在店面銷售時，我成交的第一單就源自我發掘並修正了客戶的需求。我會在下一部分「用戶的『口是心非』」中詳細分享這個故事。

必須提醒的是：我們對用戶做的引導必須是正向的，是符合道德標準和社會行為規範的。

(3) 你知我不知

有些消費者是很理性和果斷的，他很清楚自己需要的是什麼，但是卻沒有告訴我們，或者還沒有來得及告訴我們就轉身離開，去尋找能夠滿足他需求的品牌了。因此，我們只能經過細心的了解和洞察，真正找到他離開的原因和需求點，才有機會挽回並贏得更多的顧客。

之前聽說過一個「狗猛酒酸」的故事。

據說宋國有個賣酒的人，為了招攬生意，他總是將店面打掃得乾乾淨淨，將酒壺、酒罈、酒杯之類的盛酒器皿清洗得一塵不染，而且在門外還會高高地掛起一面長長的布簾，寫著「天下第一酒」。遠遠看去，這裡的確像個會做生意的酒家。然而奇怪的是，他家的酒卻很少有人問津，常常因為賣不出去而發酸變質，十分可惜。

這個賣酒的人百思不得其解，於是向左鄰右舍請教原因。鄰居們說：「這是因為你家養的那條狗太凶猛了！我們都親眼看到過，有的人高高興興地提著酒壺準備到你家買酒，可還沒等走到店門口，你家的狗就跳出來狂吠不止，甚至還要撲上去撕咬人家。這樣一來，又有誰敢到你家去買酒呢？」

原來如此，不是酒不好，不是賣酒的老闆不好，也不是價格不好，僅僅是因為那隻狗太過凶猛了。

那麼，我們了解過消費者的真實需求後，是否一定要全力滿足呢？

這個問題，我們要分以下幾種情況來看。

- 如果這個客戶是我們的目標群體，那麼我們有必要深入地了解他們沒有選擇我們的原因，就像那個賣酒的老闆一樣，了解清楚原因之後，就能立刻做出調整。
- 如果這個客戶不是我們的目標群體，那麼我們可以了解一下背後的原因，有沒有可能是我們的核心目標群體也會出現的情況呢？這樣的話，我們就可以提前避免核心目標群體出現同樣的問題。
- 如果這個客戶既不是我們的目標用戶，其未被滿足的需求也不是我們核心目標客戶所需要的，那麼我們便可以暫時放棄，我們必須做到精準地提升和集中我們的優勢。

(4) 你我都不知

最後還有一種情況，那就是消費者無意識地選擇了我們的產品或無意識地放棄了產品，而消費者和我們都不清楚這背後的原因。

在《欲罷不能》（*Irresistible: The Rise of Addictive Technology and the Business of Keeping Us Hooked*）這本書中，描述過這樣的一種現象：行銷學專家在超市裡做過一些觀察，他們發現，由於有些超市購物架的間隔比較窄，顧客偶爾會出現「屁股碰屁股」的現象，他們觀察中發現，只要出現了屁股被碰到的情況，尤其是女士，便會很快離開超市。

後來他們追出去詢問這些女士，是因為剛才被碰到了，所以覺得「生氣了」、「被騷擾了」或是「恐慌」嗎？令人出乎意料的是，這些女士根本沒有意識到剛才有被碰到過。而超市的老闆也根本沒有意識到，她們的離開居然是因為走道的狹窄導致的「屁股碰屁股」現象。所以，這個時候，老闆一定要首先能夠具備意識到結果的能力，然後透過詢問、洞察等方式，探尋真正的原因。

▶ 問題 2：用戶的「口是心非」

有一個非常值得留意的現象是：有時用戶可能連自己也不知道表達的其實不是自己的真實想法。

還記得大四那年，我在某個品牌電腦的專賣店實習，我成交的第一位客戶是一對大學生情侶。男生陪女朋友來選電腦，女生說想要一臺 14 吋的，我跟女生交談了一番後，他們走了。過了十幾分鐘，他們又回來了，購買了一款 15 吋的電腦。這是第一次見面時我推薦的那款。為什麼她說想要一臺 14 吋的電腦，最後買的卻是 15 吋的電腦呢？

我問她：「買電腦主要是做什麼用？」她說：「日常上網，看電影。」她一開始比較喜歡店內一款 14 吋的筆記型電腦，但超出了她的預算。於是，我向她推薦了一款 15 吋的筆記型電腦。我的理由很簡單：兩款筆記型電腦配置相同，但是這款 15 吋的螢幕大一些，所以和室友一起看電影時視覺上會更舒適；同時，店內送的電腦包大小差不多，所以，攜帶電腦外出時，占的空間差別不大；從重量來看，15 吋的這款筆記型電腦還比店內其他 14 吋的款式輕薄一些；而且 15 吋的這款筆記型電腦剛好有優惠活動，在這位女生預算範圍內。

就這樣，這個女孩子選擇了 15 吋的筆記型電腦。

當時的我雖然還沒有大學畢業，但店內的同事投來的驚訝眼神到現在我還記得。她一直誇我：「你真厲害，顧客的需求都能改。」其實，我不是改變了用戶的需求，而是「看見」了用戶的真正需求，並幫她呈現出來了而已。[07]

這個女孩子起初雖然是要 14 吋的筆記型電腦，但 14 吋的筆記型電腦只是身邊朋友給的一個主流筆記本的尺寸建議，並非其真實需求。因此，當我

---

07 在心理諮詢中，這屬於心理的「外置」和「重構」

發現她對看電影和電腦重量、價格的需求因素後，便成功推薦了那款 15 吋筆記型電腦。

因此，一定要善於捕捉細節，洞悉用戶背後真正的動機和需求。因為，絕大多數的消費者都不是專業的購買者，有時他們只是拿著一個他們自己都不知道是否正確的「答案」來做選擇。這正是用戶需求灰盒子模型中的「你不知我知」的情形，借由對用戶的洞察，我們嘗試用跨界思維突破常規，依據用戶需求來推薦產品的慣性。

跨界時，如果是自己單一品牌的創新，那麼洞察到自己用戶的需求即可；如果是不同品牌之間的跨界合作，那就需要我們同時洞察到多方用戶的需求。

▶ 問題 3：如何洞察用戶內心

從個人天賦和性格上來看，有些人天生具備敏銳的洞察力，有些人則相對遲鈍一些。那麼，我們可以嘗試從哪些方面去洞悉用戶內心呢？由於篇幅有限，我們這裡從以下兩個層面考慮。

(1) 層面一：用戶的 10 個消費動機

如果你希望能夠將這種洞察力內化為自己身體和思維的一部分，那麼，請這樣去做。

首先，請拿出一張紙和一支筆。

接著，抬起頭望向窗外，或者閉上眼睛，想像一下，你在發生購買行為時，大多是基於什麼原因呢？將原因寫下來，並用簡潔的詞組或句子寫上對應的場景，如表 9-1 所示。

表 9-1 購買原因與購買場景

序號	購買原因	購買場景
1		
2		
3		

4		
5		

接下來，請看一下你的答案，是否包含在圖 9-10 所示的消費者購買動機中。

求實動機　求新動機　求美動機　求廉動機　求名動機

求勝動機　求耀動機　求同動機　便利動機　偏愛動機

圖 9-10 消費者購買動機

求實動機

有時人們更看重產品或服務的使用價值，更在意其實用性、功能、品質等。人們通常在購買基本生活用品時，求實動機較為突出；相反，在購買享受型用品時，求實動機不太突出。這與消費者的消費能力、消費觀念以及使用目的有極大的關係。

求新動機

在某些情況下，消費者以追求新穎、奇特和時尚為消費目的，重視商品的外觀、造型、色彩、新鮮感等。通常來講，這樣的消費者喜歡追求新奇、時髦和與眾不同，喜歡走在時代的前沿，追求新的生活方式，因此，他們容易受到廣告宣傳、社會潮流等的影響，也更樂於接受新事物、新思想。

與此相反，你會發現有的人總是等別人都嘗試過了，確保產品安全有效後，才會付出行動，這樣的消費者習慣在自己的舒適圈內活動。而具備求新動機的人，往往是「第一批吃螃蟹的人」。

求美動機

提到「美」字，你一定會想到這樣幾種場景：為了讓自己的照片美一些，你在手機中下載了修圖軟體或用帶美顏功能的相機 App；你會因為太喜歡一套衣服，咬牙花一個月的薪水買下，或者明明衣櫃已經放不下，卻依然「剁手」；你也會因為一家咖啡廳很美，而不計較他們的甜品是否真的那麼好吃……

在這些情況下，人們更加注重產品或服務的欣賞價值和藝術價值，追求視覺、聽覺、感覺帶來的心理上的美好感受。這樣的消費者往往生活品位較高，對審美具備一定的能力和要求，追求生活的品質。因此，他們容易受到產品外觀、色彩、藝術性的表現、置身其中的美好感覺等的影響。

求廉動機

每到換季時，各大服裝品牌店內便掛出了紅色的「On Sale」海報，進行各種大特價、清倉價活動。人們往往期待以更低的價格獲得同款產品，「雙十一」、「雙十二」購物節，就是這樣的時間點。

求廉動機還有另一個應用，就是在價格不變的基礎上，增加所能獲得的價值。例如，有的產品在剛推出時，會特別給符合某些條件的人群多提供一些服務，如我們常見的「前 100 名可額外獲得 ××」、「邀請朋友一同參與，可分別再獲得一份 ×× 禮物」……

以求廉心理為消費動機的消費者，通常對價格十分敏感，價格的波動對他們的購買行為會產生非常大的影響。

我們經常看到一些老人在超市排隊買雞蛋、買水果，即便購買時有諸多限制條件（限制最低購買量或者最多購買量、不能挑選等），他們也願意排長隊購買。老人對周邊的超市、菜市場商品的價格非常了解，而且在老人群體中，對於哪裡有特價，哪裡新開了超市傳得特別快。所以，每當新的超市開業時，求廉動機總是會對這類人群發揮非常強大的宣傳效果。

求名動機

過年的時候，我家裡準備用一箱牛奶作為伴手禮。在和家人逛超市時，我們遇見了一個非常熱情的服務員，他一直在向我們推薦他們新出的一款優酪乳。「現在是宣傳期間，折扣很划算，一箱才 100 元，還可以多贈送幾瓶。」在他的堅持下，我們品嚐了一下，口感確實不錯。說實話，家人和我都有點動心。

後來，我對家人說：「重點是，我們要看買來是做什麼用的。」那個服務員很機靈地來了句：「你們是要送人的嗎？那我推薦你們買這邊這個，包裝好看，品牌也很有名，天天打廣告，大家肯定都看過。」說著說著他順勢轉身拿了另一個品牌的優酪乳給我，一箱 300 元。

這裡面其實就蘊含著求名動機。送禮時，我們都希望送一些知名度高的產品，這樣不僅能夠確保產品的品質，同時也能彰顯我們的大方或者品位。

有些消費者非常注重產品的品牌、口碑、特殊價值或者身分象徵，他們很容易受到產品的知名度、名人推薦、使用群體等的影響，往往追求的是「更高」[08] 品質的生活。

好勝動機

在曾經熱播的電視劇《遛女郎》中，有一個片段非常有趣。「萬人迷」萬玲在珠寶店假裝挑選珠寶，遇到了富家女余露。余露為了刁難萬玲，對老闆娘說：「這位小姐手上的這枚鑽戒我要了。」

老闆娘說：「這不太好吧，她還在看呢。」

余露說：「老闆娘，做生意眼睛要擦亮，要看得出來這位顧客有沒有錢，買得起買不起，要不然你問問她。」

萬玲見狀，搖了搖頭，把戒指放回了老闆娘面前：「這顆我不喜歡，把它送給沒有品位的女人吧。」

---

08 這裡的「更高」是一個相對概念，是相對於個人當下的認知狀態和消費能力而言的。

老闆娘剛把這顆鑽戒拿給余露，萬玲就拿起另一顆，說道：「這顆還不錯……」

話音剛落，余露便驕傲地說：「那顆我也要了。」

萬玲：「哎，不錯是不錯，可惜呀，有點小瑕疵，只能騙騙不懂珠寶的女人了。給她吧。」

余露笑了笑，對老闆娘說：「老闆娘，你就慢慢等著吧，就算等到打烊，她也拿不出錢來買一顆小小的碎鑽。」

萬玲：「用不著等到打烊，我已經確定這裡根本沒有我想要的結婚大鑽戒，我到別家去看看。」只見她剛轉身走了兩步又特別走回來，對老闆娘說：「老闆娘，有人肯花錢買東西了，還不趕快刷卡，小心有人後悔，現在做生意可要睜大眼睛，看看那卡是不是撿來的。」

等余露付完錢離開後，萬玲悄悄回來找老闆娘，老闆娘把厚厚一疊現金裝進萬玲的包包裡，說：「她剛才買了兩顆，一共 15 萬元，15 萬元的兩成是 3 萬元。」

劇中余露的表現就是一種典型的好勝動機。她的消費並非是因為對產品本身的需要，而是為了爭強好勝，或與他人比較，展示「自己認為」優越的一面，這種情況下，很容易受到他人的影響。

想想看，同樣是參加一個論壇，你走的是 VIP 通道，坐的是專屬座位，收到的伴手禮是專屬訂製，期間還不時有人來向你問好，主動與你結識。你的感受與默默就座在人群中的觀眾會一樣嗎？（也許你會說你不是一個愛炫耀的人，可是不可否認，這種「優待」讓你內心油然而生了一種奇妙的感覺，不是嗎？）

那麼，知道該怎麼策劃你的活動和對待你的重要顧客了嗎？

顯耀動機

曾經在一部電視劇中看到過一個情節：一個客戶在約見談判的當天住的是酒店的總統套房，而其他時間則又轉到普通客房。這是為什麼？

你有沒有這樣的朋友，他們經常會在社群媒體上發自己參加各種宴會時盛裝出席的場景，和一些有身分的人的合影，然後巧妙地配文：「和 ×× 一起聊天，收穫很多啊……」「很榮幸和 ×× 一起共進晚餐……」這是一種怎樣的心理動機呢？

前者是有意識地提高身價，誇大自身實力，後者則是無意識間彰顯出自己的格調、品位，或者豐富的生活和人脈。無論是有意識的，還是無意識的，這些都是顯耀動機在發揮作用。抓住顯耀動機，有時能帶來更好的效果（例如，你可以在活動中和粉絲與嘉賓合照，這樣粉絲自己就會發動態，自傳播就發生了）。

為了顯示地位、身分和財富等心理，顯耀動機往往也摻雜著對比。這種類型的消費者往往比較看重面子，重視產品本身或者消費過程所帶來的象徵性的意義，意在展現自己的身分、權威，為自己貼上某種標籤。

應用提示：作選擇時，我們要覺察是受到顯耀動機的影響，還是真的喜歡和需要。

求同動機

部門聚餐，老闆讓每個人都點一些自己喜歡吃的菜，你可能心心念念地想吃一份紅燒肉，可是，前面的同事點的都是素菜，輪到你時，你忍了忍，點了一道芹菜炒豆乾，然後跟老闆說：「我最近在減肥。」

這種和大眾保持相同步調，以及求得大眾認可的心理就是求同動機。這樣的消費者喜歡從眾，不求創新，但也不能落後，喜歡和大家融為一體，以獲得更多的安全感和情感連結。他們在消費時，容易受到他人的影響，容易聽取他人的經驗和推薦。

便利動機

便利其實就是方便。例如，我們懶得跑很遠，選擇就近購買產品，哪怕貴一點也沒關係；買電器時，會在意是否方便安裝、清洗和整理；買房子或去參加活動時，會考慮交通是否方便；吃飯時會考慮是否方便停車……這都是便利動機發揮的作用。

在購買價格差異的絕對值不會很大的日常消費品時，擁有便利動機的人通常願意付出多一些的金錢來換取便利性。與之相反，求廉動機的人們則願意選擇多付出一定的精力和時間換取價格的優惠，就像年輕人願意多花運費叫外送，而老年人願意跑遠一點或者花時間排隊是一樣的道理。

而對於價值較高的產品或者服務，便利動機往往表現在附加值或者安全值方面，如花的時間更少、有可能出現的問題更少、風險更小等。

偏愛動機

有的人會說，有些產品雖然不是名牌、價格不便宜、用的人不多，但我就是喜歡。例如，有些消費者喜歡某個品牌，這個品牌下的很多產品就都喜歡；有些消費者喜歡國貨；有些消費者喜歡某個國家的產品。

這就是偏愛。這些消費者已經對它投入了感情，這種感情常令人愛屋及烏並自帶口碑傳播的效果。

我們在本書中多次提到的與用戶建立連結，就是要與用戶之間產生情感，讓用戶更加喜歡和偏愛我們，在同類產品中執著選擇我們。

以上就是最常見的 10 種消費動機。

可是，新的問題來了：這些消費動機是如何產生的？為什麼不同的用戶有不同的購買動機？這些動機背後又隱藏著什麼祕密？找到背後的心理因素對我們是否會有其他的作用？

延伸思考：

我們自己在事業中的動機是什麼呢？也許你會猛然間發現，這與購物動機是驚人的相似。因為從某種程度上來講，我們的事業也是一種付出和收穫。我們付出的是精力、經驗、汗水、智慧，收穫的是事業中的名聲、經驗、收入、環境、認同、氛圍等。

(2) 層面二：用戶的兩種內在力量

你有沒有發現，在日常工作和生活中，人們是如此不同？同樣是拚命做事業，有的人渴望成就，有的人害怕沒有成就；有的人學習是渴望獲得更多的知識和提升，有的人學習是害怕被家長罵；有的人減肥是為了更好看，有的人減肥是害怕身體生病或不被喜歡。

研究發現，同樣的行為和動機背後的心理因素大不相同，而渴望和恐懼是人們行為背後的根源。

特別提醒一下，我們去了解用戶的心理，是為了能夠更好地服務用戶，而非為了商業目的的操控或利用，因此，一定要秉承著善良和負責的原則，對用戶做正向的引導。在這樣的底線和原則下，對於用戶所渴望的，我們要幫助他們創造情感連結，並給予滿足；對於用戶所恐懼的，我們要幫助他們逃離，並製造區別。

人們總是渴望自己是以一種美好的狀態存在著的。因此，越來越多的實體店與花藝、書、咖啡、文創產品、音樂、攝影等跨界聯合，他們所打造的不是一家單純的店，而是一種美好的生活方式，以展現我們是如此美好地享受著生命。

人們內心似乎總是有種深深的恐懼，擔心別人說我們俗、不起眼，擔心我們被忽視、不被喜歡、不被尊重……在任何人的靈魂深處，都有一個卑微、渺小、孤獨、脆弱的自我，我們總會有不喜歡自己的成分，因此我們總是在抗拒自己的局限。我們選擇不斷地成長、不斷地突破，從某個層面來講，這些正是源於對自身局限的逃離的渴望，其實就是在不斷地創造著區別。

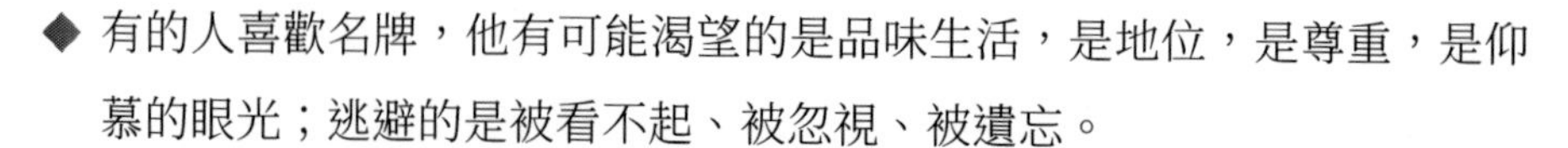

- 有的人喜歡名牌，他有可能渴望的是品味生活，是地位，是尊重，是仰慕的眼光；逃避的是被看不起、被忽視、被遺忘。
- 有的人喜歡樸素，他有可能渴望的是踏實、簡單、無憂；逃避的是喧譁、曇花一現、不穩定。
- 有的人喜歡滑社群軟體，他有可能渴望的是認可、存在感；逃避的是孤單和孤獨。
- 有的人做決定非常謹慎，他有可能渴望的是內心的安全感、價值感和多方因素的平衡感，以及掌控感、聰慧感；逃避的是欺騙、衝動、後悔、決策失誤的風險，以及決策失誤帶來的失敗感、自我懷疑等。

在洞悉了用戶的內心世界之後，就能夠更明確地定位我們的跨界需求，以及在跨界中所要實現的目標，並根據用戶的渴望和恐懼，來選擇能夠滿足用戶這份渴望，逃離這份恐懼的跨界合作對象，並設計有針對性的跨界方案。

03　角度 3、4：領導者角度、社會角度

除了企業和用戶角度外，企業從事跨界還有另外兩個因素的可能：領導者角度和社會角度。

有的企業領導者是發自內心地喜歡不走尋常路，喜歡創新，喜歡帶給用戶不一般的體驗和感覺。他們似乎天生具備這樣的天賦，總是有許多創意。對他們而言，跨界的初衷可能只是為了不斷發現新的可能。

有些企業，從創立之初，就具有社會責任感，企業領導者創辦企業或者平臺的目的，就是為了服務社會中的某個群體，解決社會中的某個問題，例如，解決民生問題的媒體部門、當地的相親平臺等。

還有一些企業，當實力達到某個階段之後，便會增加對社會的回報和支持。正如，可口可樂公司在杜拜建立的電話亭，用瓶蓋即可撥打國際長途電話；可口可樂在泰國和越南發起的「二次生命」活動，設計了 16 款多功能瓶蓋。這些都是可口可樂將企業社會責任感融入行銷中的跨界創意。

9.2 常見的 4 種跨界動機

經過前面從企業、用戶、領導者、社會 4 個角度進行綜合分析之後，我們發現，大多數跨界動機最終可以提煉為這 4 個因素：知名度、業績指標、用戶體驗、情感連結。

在研究中，我們還聽到過這樣的答案：跨界是為了實現更多的價值，為了突出品牌的調性等。對於這樣的回答，我們依然可以透過繼續細分來找到更具象的目標。

例如，我參與過一個組織，經常和各個品牌聯合做公益相親活動。我問組織者：「做這些跨界合作的目的是什麼呢？」他說：「是為了更好地實現我們的價值。」「是什麼價值呢？」他說：「幫助到更多人。」「那麼，跨界在實現你的價值的過程中造成了什麼作用呢？」他說：「讓更多的人知道並參與進來。」至此，我們找到了這個組織跨界的原因，是為了增加知名度、參與人數並擴大影響範圍。

用「剝洋蔥」的方法，我們可以找到很多常見答案背後的真正原因。現在就讓我們一起進入「剝洋蔥」時刻。

01 知名度

無論是新創品牌，還是在市場中已有一席之地的老品牌，都需要不斷地強化品牌在用戶心中的認知，否則很容易在這個新品牌層出不窮的時代被人們逐步淡忘，這是很可怕的事情。

如果你的目標是提升知名度，那麼，先不要著急去尋找合作夥伴，你需要先明確知道要提升的是誰（什麼）的知名度？

- ◆ 是品牌知名度嗎？如果是，是母品牌的知名度，還是某個子品牌的知名度？

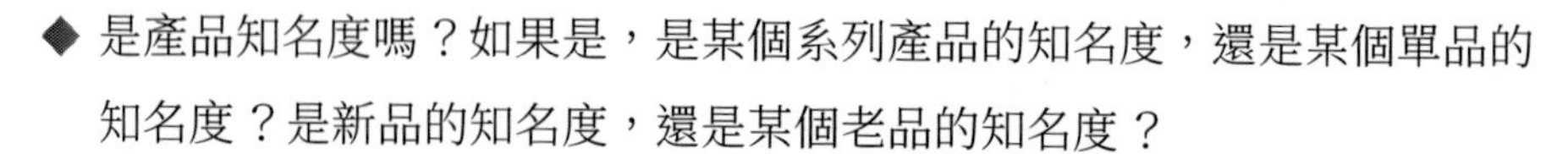

- ◆ 是產品知名度嗎？如果是，是某個系列產品的知名度，還是某個單品的知名度？是新品的知名度，還是某個老品的知名度？
- ◆ 是服務知名度嗎？如果是，是想重點展現服務中哪一特質呢？
- ◆ 是某個特質（調性）的知名度嗎？如果是，這個特質是什麼呢？（是專業、貼心、細緻，還是安全、舒適？）為什麼選擇這個特質，這個特質是否能夠被用戶接受呢？

……

再換個方面考慮，同樣是打開知名度，是想打開在哪個地理範圍內的知名度？是全國，還是某個局部地區呢？

從人群劃分來看，是全部的人群，還是符合某種特質的人群呢？

明確了你的需求，才不會迷失方向。要知道，很多時候，我們容易走著走著就忘記是為什麼而做。

想起一個故事：

曾經有一個警察，在警校參加賽跑，從來都是第一。後來有一次他去追一個小偷，這個小偷非常能跑，一連跑了好幾條街。這個警察一邊追一邊想：「跟我比，在警校時，我可是第一名，還能跑不贏你？」

你猜，這位警察追上了嗎？

當然追上了！而且，他超了過去！（注意：是超了過去，不是抓住他！）

我們有時就像這個故事中的警察一樣，有些事情做著做著，目標就悄然地發生了變化，我們尋求和另一個品牌方的合作，明明是為了雙贏，卻可能會因為爭論一個海報畫面中誰的 LOGO 在前面，而導致合作終止；我們和另一半一起去度假，對方忘記帶某樣東西，我們忍不住抱怨，結果毀掉了整段旅程的美好氣氛。

如果我們牢記最初的目標，在設計 LOGO 位置時互相退讓一步；在出遊時，不去抱怨已發生的事情，而是一起想辦法解決問題，那麼，結果可能會大不一樣。

02 業績指標

在業績方面，跨界的確可以非常有效地帶來指標提升。問題是，你想提升哪方面的業績指標呢？用戶的增長、銷量的提升、曝光量的增加，還是其他方面的呢？

我常聽到有人說活動目標就是「拉新」，那麼，是要提升新用戶的註冊量、新用戶對產品的首次體驗，還是新用戶的購買成交量？「拉新」的「新」，對你而言究竟是誰？這些「新」究竟在哪裡？

如果要提升流量，是網站、App 或者門市的訪問、瀏覽量、註冊量，還是活躍用戶的數量？

如果要提升銷量，是針對首單的銷量，還是回購？是某一款產品的銷量，還是全品牌呢？

具體是對於哪些客戶？是潛在客戶，還是有過消費紀錄的老客戶？是消費一次之後就再也沒有二次消費的客戶，還是多次消費的老客戶？是負責購買的消費者，還是負責具體使用的用戶？是想要提升潛在用戶領域內的知名度、銷量，還是要刺激老用戶的再次購買？

在實作時，我們還需要考慮如何設計整套合作方案，是設定分階段的合作目標，還是直接決定最終業績目標？例如，是選擇與某個社群媒體或者廣播電臺合作，透過增加曝光次數讓更多的粉絲認識你，之後透過企劃提升業績？還是選擇與 B 合作，借助 B 的管道和公信力，直接讓新用戶下單？就像有些網紅發一篇業配貼文，一夜之間就產生了 30 萬的業績，所以，我們要根據當下目標和資源配置來設計跨界合作的策略。

在本節的最後，我特別總結了「提升業績不可忽略的三個事實」，希望能有助於你更全面地看待業績提升這件事。

03 用戶體驗

對於一些品牌來說，跨界合作主要是為了提升在用戶心目中的形象，或者提供更多的附加價值以提升用戶的體驗感。例如，許多書店經常舉辦各種主題的沙龍，邀請知名作家親臨現場與粉絲面對面。這便是遠遠超越了圖書銷售之外的附加價值，形成了獨特的文化。這樣的生活一角，成了我們在高壓和焦慮的社會中探尋已久的精神食糧。

如果你是希望透過跨界合作提升用戶體驗感，那麼，你需要繼續考慮以下事項。

- **關於體驗項目**：你希望用戶體驗到什麼？具體透過哪款產品或者服務來實現？用什麼樣的方式比較合適？
- **關於體驗目的**：你希望用戶體驗到的是產品的核心功能，還是產品所能傳達的情感內涵？抑或是透過體驗來提升品牌的價值感，增加品牌的新鮮感和更全面的認知？
- **關於階段目標**：在品牌發展的不同階段，面對不同的人群，我們在選擇體驗項目和設計環節時，如何有所不同？

04 情感連結

在消費過程中，影響消費者決策的還有一個很重要的因素，那就是消費者的個人喜好，換句話說，同樣是一款補水面膜，究竟是選擇你家的，還是選擇別人家的。在價格、購買便利性、安全性等因素的影響差別不大時，消費者往往會依據自己當時的情感來做選擇。

這個情感有可能來源於近期某個電視節目中的推薦，有可能來源於消費者喜歡的某明星的代言，有可能是這個品牌近期出現了什麼樣的事件，有可能是我們近期參與了他們舉辦的什麼活動，也有可能是當時這個服務員讓人很喜歡，或者讓人很討厭……

因此，如果我們想透過跨界來強化與消費者的情感連結，就需要考慮更多的內容，這裡將涉及我們融入哪些跨界元素，或者選擇哪些跨界品牌合作等內容。

例如：

- 希望與用戶保持怎樣的情感連結？希望透過什麼樣的形式和內容來實現？
- 要加強用戶對我們的何種情感？是更深入和全新的認知，還是信任和喜歡？
- 具體想留下怎樣的印象？是一個有愛心的品牌、懂用戶的品牌、有追求的品牌，還是一個有格調的品牌、能代表用戶心聲的品牌、不斷提供趣味和新鮮感的品牌？
- 是加強用戶之間的社交關係，還是加強我們與用戶之間的互動關係？……

如果你做的是一個糕點品牌，可以在發布新品前，聯合那些與你的目標客群相同的品牌，共同徵集「新品體驗官」，請他們到店品嚐並聽取他們從用戶角度提供的更多實用感受及意見，那麼，他們身為參與人員之一，會即刻被你賦予滿滿的榮譽感和重要感——「被看見」和「被認可」是人們普遍存在的一種心理。

當然，你還可以在店內社交平臺上、產品外包裝上，將他們的名字、話語、照片等展示出來，那麼這個激勵作用將會發揮更大的效果。

總結一下：

從這一章中，我們解到了 4 個因素的跨界需求：知名度、業績指標、用戶體驗、情感連結。找到「我為什麼要跨界」這個問題的答案以及背後的邏輯，我們就可以更好地制訂策略。

延伸分享：

提升業績不可忽略的三個事實

在研究用戶行為時，我們發現有以下三個事實非常值得重視。

(1) 「完全忠誠」幾乎不存在

我們總是希望最大限度地提升用戶忠誠度，可事實是，不同行業中的用戶忠誠度差異是很大的，尤其是在競爭較激烈、產品同質化較嚴重的領域，挑戰難度更大。例如，服裝、餐飲、娛樂場所、家居用品、電器領域等。

我們自己也是一名消費者，想想看，大多數情況下，我們的確不是非誰不選，頂多是有些非常棒的品牌，在我們心目中有一個優先權而已。更何況現在越來越多的新品牌不斷地進入我們的視野，加上身邊朋友和各大網路平臺的「熱情」推薦，我們一不小心就會滿懷好奇地選擇嘗新一把。

我曾經在和某知名網路購物平臺的負責人聊天時，他提到一個觀點：在某些領域，消費者是幾乎不存在「完全忠誠度」的，畢竟這個世界發展得太快了，選擇越來越多，消費者想要去體驗更多的產品，尋找更多有趣的東西，對單一品牌的忠誠度已越來越低。

(2) 新品牌的機會

世界萬物都是平衡發展的，既然用戶忠誠度下降對品牌而言有弊，那麼也將在另一方面呈現有利之處。想想看，消費者對現有品牌忠誠度的下降，對於新品牌而言便成了機會。只要運用對的方法，便可以獲得首批用戶的關注和使用，之後就有可能贏得消費者更高頻率的回購和傳播。

(3) 習慣會讓用戶更忠誠

用戶忠誠度很難養成，但不代表不可以培養，我們現在購物時，已越來越習慣用信用卡；出門叫車常用各種叫車 App；在一個陌生的地方找餐廳，習慣用 Google Maps 查評價；點外送，就用 Foodpanda 或 Uber Eats；無聊時就看 YouTube 影片。

在不知不覺中，人們習慣了使用這些產品，花在這個產品上的時間也越來越多，慢慢地形成了一定程度的依賴，加上這個過程中不斷增加的喜歡和信任，共同帶來了品牌忠誠度的提升，此時，如果要再轉換到其他產品或者品牌，便會困難得多，如圖 9-11 所示。

問題來了：為什麼大家會習慣了這些產品？

因為它們更加便利，或者它們較早地進入市場，解決了我們在某個情景下的痛點，並且不斷地升級，解決了我們更多的想得到和想不到的問題。

我發現身邊越來越多的朋友在拍照時，打開的不是手機自帶的相機，而是美顏相機等拍照軟體。有一次我和朋友合照時被嚇了一跳，鏡頭裡的我簡直就像個 18 歲少女，皮膚吹彈可破，眼睛卡通極了，我都懷疑這是不是今天的我。

最近又發現，拍照時最困擾我們的兩大難題一拍照技術和姿勢都被解決了。App 裡不僅有化妝功能、拍照小技巧教學，居然還提供了各種拍照姿勢（甚至還分男生版和女生版），人們根據畫面裡的姿勢來擺姿勢，拍出來的照片就時尚多了。

當一個產品不僅解決了你的苦惱，提供了便利，還一直升級，為你提供更多的福利，相信你就會願意不斷去嘗試。慢慢地，只要進入這個情景，你便會想到並使用它，不知不覺花在這個產品上面的時間越來越多，逐步就變成了一種習慣。

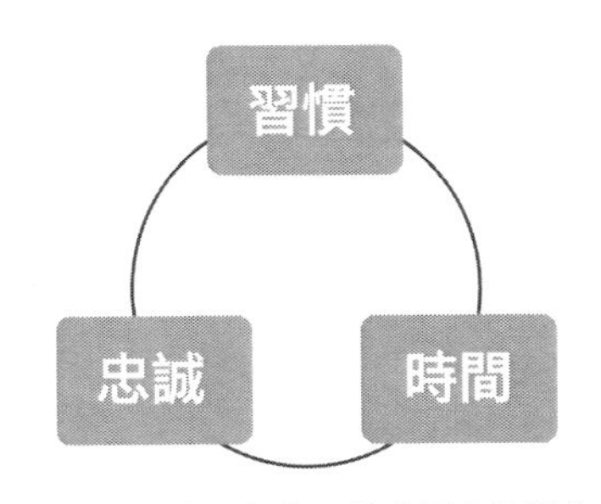

圖 9-11 消費習慣與品牌忠誠度的關係

第 10 章
對象鎖定：四種方法三大要素鎖定跨界對象，讓用戶上癮

10.1 4 種定位方法，助你鎖定跨界對象

跨界對象的選擇對跨界來說至關重要。在選擇跨界對象時，有以下 4 種基本選擇標準。

第一種，客戶群體是一致的。例如，雙方客戶群體在以下一個或多個因素中是一致的，諸如年齡層、性別、職業、性格、愛好、消費力、標籤等。當擁有更多的重合，對跨界對象的定位就更精準，合作起來就更具針對性，例如，同樣是想選擇一些車主群體合作，需要更細緻地考慮車主的駕齡（新手車主、老車主）、車主性別（男車主、女車主）、購車的價位（20 萬元、50 萬元、100 萬元）、購車類型（越野、家用、商務）等。當這些分析清楚後，該選擇誰便非常清晰了。

第二種，管道是一致的。從橫向類型分，管道有辦公室、社區、商圈、超市、網站、自媒體、銀行等；從縱向再進行細分，需要了解超市大小、網站新舊、App 類型、社群類型等。

第三種，擁有特殊契合點。雙方在品牌調性、用戶認知等方面擁有特殊的契合點，如顏色、形狀、體態、人格化特徵、反差萌、時尚、聯想度等。

例如計程車車和小小兵的跨界聯合，借助的就是它們的顏色和人格化特徵的一致性；時尚職場電影和綜藝節目中常出現的口紅、面膜、服裝、包包等的置入，則屬於是在時尚領域的契合點。

第四種，對象要可靠（此處打星號：你喜歡的對象一定是要可靠的）。

無論是按照規劃方案準確執行，還是在出現突發事件後完善解決，都需要雙方以「實現合作中的目標」為前提，只有這樣，才有可能實現雙贏。否則，一旦一方中途撤退或者遇到危機不顧對方利益，將會對另一方企業、用戶造成非常大的傷害。

「如果這種情況發生了怎麼辦？」

別擔心，我們將在後面危機應對章節中詳細探討。

類似的合作，為什麼結果不一樣？

有一次，一個非常出色的學員分享了他自己的故事。他的公司是一個關於美妝的平臺，同時擁有美甲實體店。他曾經做過兩次跨界，讓他感觸很深。

端午節時，他們和「眷茶」做了一次跨界合作。顧客在購買奶茶的等待期間，可以追蹤他們的社群帳號來獲得一個「暗號」，憑這個「暗號」，就可以為所購買的奶茶免費增加一份料，同時，可以獲得他們特別為「眷茶」的粉絲提供的眷茶風格的美甲款式，風格可以任選。

他們借助自己的自媒體平臺，為眷茶做了線上行銷，透過抽獎，粉絲還可以領取到免費的眷茶和一份加料。透過後臺數據，他們發現這樣的跨界合作雖然簡單，卻對雙方的推廣非常有效。於是，他們又選擇了和一家電影院進行合作。在電影《驚奇隊長》首映當天，他們在電影院設置了一個美甲臺，並特別設置了與電影相關的美甲款式，觀眾憑電影票可以免費美甲，而電影院則為他們提供了免費的電影票及周邊產品，作為該美妝平臺粉絲的福利。

他說：「這一天下來，效果非常差，簡直可以用『慘澹』來形容。第一場活動的效果是這一場的近 30 倍。」

為什麼會這樣呢？他們總結了以下 3 個原因。

- **雙方的群體**：做美甲的群體都是愛美的女性，雖然看電影的女性也很多，但是喜歡《驚奇隊長》這部電影的女性未必喜歡做美甲。

◆ **設定的美甲風格**：他們特別為電影設計了美甲風格，然而他們發現，大多數美甲人群喜歡的是常規的那種看起來美美的美甲風格，而他們設計的電影《驚奇隊長》風格的美甲相對比較小眾。

◆ **體驗時間**：去看電影的人，往往是電影開始前 10 ～ 20 分鐘到現場，期間還要完成一系列的取票、買爆米花、去洗手間等觀影前的準備活動，留給美甲的時間非常少，由於他們擔心電影開場前做不完美甲，因而大部分人選擇了放棄。而觀影後，往往又安排有其他約會行程，因此真正願意停留下來做美甲的顧客比預期少很多。

所以，相似的方法，相似的客戶群體，其合作的效果卻有著極大的不同。因此，我們在選擇跨界對象時，需要考慮的實際因素有很多，並非對方具備品牌和流量的優勢，合作效果就一定好。還有一點，如果粉絲過於關注優勢品牌而忽視了我們的品牌，優勢品牌的流量就未必能轉化為我們的流量。

10.2 掌握 3 種要素，讓用戶對你上癮

「如果符合要求的合作對象還蠻多的，選誰好呢？」

答案是：選擇那個讓你放心的，同時與之合作後，能夠讓你的用戶對你的品牌增加好感度，甚至能夠上癮的對象。

在《成癮》一書中，作者提到了一些非常重要的心理學現象。作者提出：「不管人們是對品牌上癮，還是對其他癮品上癮，歸根到底，都是自我（社會性的）的存在模式造成的。透過對人腦的研究，最終揭曉：想像、情感、連結是驅動用戶對品牌成癮的三大關鍵要素。」

因此，能夠在跨界合作中，有助於「激發美好的想像」、「引發自我情感」、「促進正向連結」這三種要素的跨界對象和元素，就是首選。

01 激發美好的想像

▶ 想像比事實讓人更有感覺

想像一下，我們自己在網路購物時，從瀏覽產品資訊、加入購物車，到提交訂單、最終付款，付款前的任何一個環節中都有可能終止購物，而最終促使我們輸入信用卡付款的，往往是我們腦中想像的穿著這件衣服，如同照片中的模特兒般走在某個場景中，成為人群當中的焦點，或者是想像著使用產品時的美好感受。

因此，如果透過跨界增加用戶對我們的更多美好的想像，便能極大地促進消費者與我們品牌之間的連結，提升購買率。

▶ 我們往往體驗的是「想像出來」的美好

如果你要買車，一定要記住自己真正的需求，並留心業務的說辭。因為，一名專業的業務一定會在與你接觸的短時間內迅速判斷出你是什麼類型的買家，然後，用相對應的語言說服你。

例如，如果你是一名感覺型的買家，業務就會向你描述著：某個週末，放下工作，你帶著你的戀人一起開車到郊外度假，自動折疊升降桌上擺放著美味的紅酒，你輕輕地按下按鈕，天窗緩緩地打開，露出滿天的繁星，窗外的微風輕輕地吹拂著，車內的音樂悠然地播放著，後座的小狗愉快地搖著尾巴……這一切簡直太美好了！

此時，業務會繼續介紹車友會不定期的自駕遊活動，或者購車後立即會贈送一份旅行體驗……這時你的腦海裡十有八九已經上演著無數美妙的畫面了。

而其實這一切都尚未真正實現，你卻已經體會到了美好的感覺。事實上，已經有實驗顯示，人們僅透過想像某些場景，便可以產生與這些場景實際發生時幾乎相同的愉悅感。

所以，思考一下，和誰跨界合作，和哪些元素融合，才能夠帶給用戶「美好的想像」呢？

▶ 想像的主角永遠是「我」

你有沒有發現一個事實，人們總是會對與自己相關的事情更加關注。每當我們開始發揮想像力時，想像中的主角永遠是我們自己。

在剛才的畫面中，我們想像的是自己在旅行時的美好。旅行前網購沙灘裙時，想像的是在海邊漫步時，暖暖的陽光照在我們身上，裙子隨風輕輕飄揚的畫面。送禮時，我們想像的是朋友收到禮物時的表情和心情，考慮的是它是否顯得我們足夠大方，朋友是否會喜歡，我的關心是否恰當。

因此，讓消費者感受到「與我相關」，才更能創造價值。

02 引發自我情感

▶ 為什麼與大陸人一起聊天，你的口音會有大陸腔？——「鏡像系統」

你有沒有發現，與大陸的朋友在一起聊天，過一下子自己的口音就被帶偏了？

1999 年，神經學家馬可．亞科博尼第一次證明了人類大腦中存在著鏡像神經元。他要求受試者觀看一段關於手指動作的影片，可以只觀看，也可以學著模仿看到的動作，與此同時掃描受試者的大腦。結果發現，無論是只觀看，還是模仿動作，受試者大腦中被活化的區域是一樣的。

而這個區域與 1990 年代中期義大利帕爾瑪大學的賈科莫．裡佐拉蒂（專門研究靈長類動物的神經學家）在研究「猴子抓花生」的實驗中所活化的腦部區域相同。在猴子抓花生的實驗中，猴子 A 看到了抓花生的猴子 B 時，在它的大腦中，與猴子 B 抓住花生的動作活化的大腦神經元相同的神經元也被活化了。也就是說，觀看者和被觀看者（行動者）大腦的神經元做出了同樣的反應。這樣的神經元被稱為「鏡像神經元」。

有時我們看見前面有個人突然抬起頭看天，後面的人也會跟著抬起頭，這就是鏡像系統在行為中產生的作用——行為模仿。

你還記得嗎？我們在看到別人哈哈大笑時，總是會忍不住嘴角上揚，甚至會莫名其妙地跟著笑。我們看到別人傷心哭泣時，會忍不住情緒低落，甚至也會流眼淚。這就是鏡像系統的另一個作用 —— 情緒模仿。我們在接收到情緒反應時，會不自覺地模仿對方的情緒。

普林斯頓大學的教授烏里・哈森（Uri Hasson）掃描了兩個交談者的大腦活動。他發現傾聽者與說話者的大腦活動互為鏡像。這就是為什麼我們在交談中，會不自覺地模仿對方的語調和語氣，還會受到對方情緒的感染。對於疼痛，也是如此。我們常常會對他人某個部位的疼痛產生「感同身受」的感覺，這是因為我們與之相同的大腦部位也被活化了。

此刻，你想到這個「鏡像系統」可以運用在哪些地方了嗎？

你既可以透過跨界合作，實現消費者在行為和情感上的模仿，也可以將這種鏡像系統的作用運用到你與他人的交談中（無論是洽談合作，抑或是單純的交友）。

許多明星直播推銷帶貨，往往銷售量相當驚人，加量幾次依然售罄。這裡面就有「鏡像系統」的極大功勞。

「可是大家為什麼會相信這些人的推薦，而不會輕易相信其他人的推薦呢？」

這就涉及鏡像系統產生作用時的另一個條件：並不是所有的行為反應和情緒反應都會產生模仿，「鏡像系統」是否發生作用，並不完全取決於行為中的投射，也取決於情感認同。

人們喜歡模仿與自己志同道合、趣味相投的人。還記得嗎？很多人在小時候都曾經模仿老師的筆跡、手勢、綁頭髮的方法，學老師說話，模仿購買同學的文具等。

因此，我們要選擇的跨界對象和元素必須是用戶喜歡並認同的。

▶ 為什麼假項鏈依然讓她充滿自信？ —— 自我情感

對於一部手機、一杯咖啡、一輛汽車而言，它們僅僅只是一個通訊工具、一杯飲品、一個交通工具而已，但為什麼我們會覺得拿著蘋果手機感覺時尚有面子，談事情約在星巴克感覺有格調，開著某個品牌的車會彰顯出我們與眾不同的品位呢？

不得不承認，是我們自己為這件物品／事情賦予了情感。

正如在一篇小說〈項鏈〉裡的故事那樣，故事的主角從朋友那裡借來一串鑽石項鏈，那一整晚她都沉浸在一種迷人的狀態下，吸引來許多傾慕的眼神。後來項鏈不見了，她又買了一條鑽石項鏈還給了朋友。之後項鏈丟失，為了還債，主角一直辛苦工作數十年，直到後來一個偶然機會再次遇見朋友，她才得知曾經丟失的那串項鏈是假的。

一串假項鏈能夠讓她光彩照人，萬眾矚目，一個被認定為正品的仿名牌包也能夠讓你自信欣喜，而這與項鏈和包包本身的真假無關。經過我們的意識和情感加工過的事實，才會真正影響我們的態度和行為。

人們在看待事物的時候，習慣性地會以自己理解的方式投入情感。當我們投入了情感，便會引發我們的持續投入，無論是投入精力、情感，還是投入行動。

▶ 如何讓孩子不再害怕去醫院？ —— 為行動注入情感

美國作家 Sally 曾講過自己親身經歷的一段神奇的往事。她的小女兒曾經得了耳部感染，需要做一個小手術，將管子插到她耳朵裡。手術前，她的女兒變得非常緊張。快要進手術室時，護士把她的女兒從 Sally 身邊推走了。為了減輕孩子的恐懼，兒科護士們聚在她周圍，吹著泡泡伴她進入手術室，為她創造了「泡泡遊行」。為了讓孩子有童話般身臨其境的體驗，護士們還使用了一根魔杖，確切地說，是一根泡泡魔杖。當她的女兒被這個魔法時刻所吸引時，所有擔憂和恐懼都從她的小臉蛋上消失了。

Sally 對此既感激，又充滿了敬畏。一個小小的舉動，就讓她的女兒從焦慮轉為了期待。這件事的成本低到幾乎為零，對顧客和員工卻都是極為有利的。

所以，當你為行動注入情感，為顧客創造一次情感體驗時，他們會牢記這種感覺。例如，某高級飯店的工作人員為遺失在飯店的長頸鹿玩偶喬西拍攝假裝在度假的照片，來配合孩子父母善意的謊言；有些醫院將孩子照 X 光的房間布置成森林的風格，以便讓孩子放鬆並配合檢查。這些無不是為行動注入了情感，將原本普通的服務轉變為充滿活力的溫暖回憶。

正如 Maya Angelou 所說：「我了解到，人們會忘記你說過什麼，人們會忘記你做過什麼，但人們不會忘記你帶給他們的感覺。」

03 促進正向連結

▶ 連結的力量

有一天午後，我在房間寫書稿，母親在臥室休息，五歲的小侄子跑過來找我一起玩。我說：「姑姑現在在寫作業，你願意自己先玩一下嗎？或者你願意的話，我們一起看書，你坐在我旁邊，好嗎？」

小侄子想了想，低聲說：「我現在不想看書，我想玩……」然後就轉身走了。

我聽到他去了母親的房間，母親想邀請他一起午睡，他也拒絕了。然後，腳步聲到了客廳，我聽到他一個人委屈地喃喃自語：「你們都不跟我玩，你們都不理我……」聽著聽著，便像是要哭了，那種委屈和哽咽惹人心疼。

我意識到，這是連結的中斷，讓他感受到了孤單。我趕緊跑過去跟他聊天，問他想玩什麼，同時告訴他，我必須要寫作業了，而奶奶太累了，我們得心疼奶奶讓她休息一下子，有沒有什麼好辦法呢？

他想了想說，讓我先陪他玩一下，然後他自己玩 iPad，等奶奶醒了，再跟奶奶一起下樓玩。嗯，聽起來是個不錯的主意。情感連結再次重啟，小侄子不再委屈了，在對奶奶的體諒中，安靜、開心地玩了一個下午。

連結的中斷會讓人產生非常不好的感覺。因此，我們總是想要和這個社會，或者和某個群體、某種標籤產生一定的連結，這樣，我們就會有融入感。

似乎，戴上墨鏡，我們就是時尚達人；噴了 Dior 香水，我們就成了魅力女性；穿上高跟鞋，就有了自信……連結就是具備這樣的魔力，讓我們擁有了某種特殊的感覺，諸如認同感、歸屬感、安全感、尊重感、希望感……

研究顯示，僅僅只是想像著一些美好的畫面，我們就能產生一定的連結，擁有愉悅感。而一旦失去連結，我們就會覺得被孤立，甚至覺得與社會格格不入，擔心被拋棄，所以我們總會想要（有意識或無意識的）建立連結。

▶ 失去連結的力量

想想看，一起玩傳球或者聊天的時候，如果突然間大家都不把球傳給你，或者聊天時一直都不跟你說話，你心裡會不會感覺不舒服？

這種被拋棄、排斥、否定的感覺就是失去連結的感覺。它到底是怎麼一回事呢？

神經學專家在實驗中發現，當人們割傷手、扭傷腳，或者撞到、跌倒時，大腦中有一個區域會被活化，這個區域叫做「前扣帶回」。當人們感受到被拋棄、排斥、否定以及社會性痛苦時，大腦被活化的區域與經歷前面那些生理疼痛時所活化的區域一樣。

因此，失去連結引起的那些不好的感受是真實存在的。消除這種不良感受的過程，就是品牌的機會和價值。想想看，我們為什麼會聽到這樣的話：「別人家的孩子都學了，我的孩子不學行嗎？」「他現在越來越不上進，感覺越來越沒共同話題。」「昨天聚餐怎麼沒約我？」這些話語背後就是「失去連結」的感覺。

▶ 創造連結

無論是洞悉到渴望後，幫助用戶創造連結，洞悉到恐懼後，幫助其逃離和建立區別，還是主動製造失去連結，引發用戶主動連結，創造連結的過程，就是很好地運用跨界思維的過程。

如果用戶購買動機偏向於「求名動機」，那麼我們可以和知名品牌進行跨界合作，主動提升自己品牌在消費者心目中的價值地位。對於新品牌而言，在進入市場前期可以利用自身資源，與已經建立起市場地位的相關品牌進行合作，提升用戶對新品牌的認知。

如果用戶購買動機偏向於「求廉動機」，那麼我們可以透過跨界合作，向用戶提供專屬權、專享價或者超值的附加服務。例如，客戶到某家店內消費，可以享受八折，或者可以免費獲得其他品牌提供的體驗券、免費名額等。

如果用戶購買動機偏向於「便利動機」，那麼我們可以透過跨界合作，拓展消費管道、服務管道等，更可以增加消費形式、體驗方式等，為消費者購物提供更多的便利性。例如，服裝品牌可以和洗衣品牌合作，為消費者提供洗衣服務；還有我們常見的實體店內的 A+X 服務模式，如超商內可以加值、繳水電費、提款、手機充電等等。

關於消費者其他的購買動機，在此我就不一一列舉了，邏輯都是一樣的。

現在，我們討論另一種連結形式：暗連。

電影《變形金剛》熱播後，基於對大黃蜂的喜愛，同款車型一度十分暢銷；戀人送的手機，拿在手裡總是特別的溫暖；公司為了表彰我們的突出貢獻公開獎勵給我們的手機，握在手裡總是有一種榮耀感……這是為什麼呢？

人們總是習慣以第一視角來看待發生的事物，並不自覺地注入情感，形成與這個對象的某種連結。這種連結會導致我們只要看到它，或者想起它，就會引起大腦和心理、生理上的反應。想想看，我們在回憶、暢想未來時，這些過去和未來並不在我們眼前，但是我們依然會深深地感受到情緒的真實存在，甚至手舞足蹈、大笑或者哭泣。

德國著名的家族系統排列創始人伯特·海靈格 (Bert Hellinger)，在他的書中提到過自己的一個經歷。他的鄰居因為失去了丈夫而終日鬱鬱寡歡，他對這位鄰居說了一句話：「如果你有需要，可以隨時來找我。」後來這位鄰居來找他，淚流不止。他說：「現在請你閉上眼睛，回想你和你的丈夫相識最初的畫面。」海靈格看到他鄰居的嘴角逐漸上揚，最後告訴她說：「好了，你可以回家了。」這份治癒力量的背後就是在創造連結。

再想一想，我們想到 Dior 的香水，就會想到優雅和迷人；我們想到 Adidas，就會想到活力、運動、健康、陽光；我們看見電視劇中主角穿的衣服、留的髮型、用的杯子、蓋的毛毯，就忍不住去買同款……僅僅是一個品牌、一個畫面而已，卻能讓我們產生感覺，而這些感覺又激發了我們大腦的反應，影響了我們的認知和決定。如果我們能讓用戶腦中建立這個美好的連結，就有可能讓用戶對我們念念不忘。

心理學家威廉·詹姆斯認為：「在人們的內心深處不斷地發出一種聲音，有一種狀態讓自己變得活力四射，變得完美。這才是真正的我。我一定要把這種狀態找出來，並且儘量保持下去。」

「既然是感覺，就有美好的，有不好的。那些不好的感覺，究竟有沒有用？」

非常有用。不好的感覺，會讓人們體會到自己不是以理想的方式存在著，這種「警醒」會提示人們是時候決定是否要做出改變。尤其是對於還沒有意識到自己的某些需求的人們來說，這種失去連結的提示就是一種「喚醒」。人們在體驗到差距之後，才會主動去縮小差距，而你的品牌便可以幫助他們追求理想的狀態。

人們總是害怕自己是卑微的、渺小的、不被認可的、不被人喜歡的，因此，總是想要去掩蓋或者逃離這些，成為自己喜歡的那個樣子。所以，如何讓人們認為自己很好，是陽光的、自信的、被認可的、被尊重的、深受大家喜歡的，如何幫助用戶製造區別，讓他們感受到自己並非是自己討厭的那個樣子，這將是找到被用戶深深喜歡並偏愛的方法。

總結一下：

這一章我們主要探討了鎖定跨界對象的 4 種定位方法，以及如何透過「激發美好的想像」、「引發自我情感」、「促進正向連結」這三種讓用戶對我們上癮的要素，從眾多跨界對象和元素中做出最正確的選擇。同時，我們還探討了心理學概念：鏡像系統、連結和失去連結。

第 11 章
成功砝碼：四種操作方法，增強跨界成功的砝碼

第 4 章中，在描述跨界認知塔的第一層「置換層」時，我曾提到過一個與麗芙家居的合作。平時，總是會有人問我：「你是怎麼認識麗芙家居市場負責人的呢？」

事實上是，這個合作已完成，我們卻至今未曾見過面。

「那怎麼認識的呢？」

悄悄地告訴你，我動用了一個祕密工具。

前面有說到，我在智聯時，起初大家是缺少跨界合作管道的。我一直很納悶，我在想，有這麼大一個資源庫，想找個人應該不難吧？智聯應徵是做什麼的？幫求職者找工作，幫企業招募合適的人才。所以，想找個人，總歸是能找到的吧？只要他曾經在網站上留下過自己的履歷，就能循著線索找到他。

但為了保護求職者的隱私，一般人，包括內部員工都是看不到求職者履歷的。除了一個部門 —— RPO，也就是我們常說的獵頭這個角色。他們需要幫助企業客戶搜尋適合的優質人才，因此，他們每個月會有一定量的履歷下載權限，而聯絡方式，只有在下載後才能看到。

於是，我找到這個部門的負責人，找她申請了一個名額，請她幫忙找尋在麗芙家居工作過的與市場、品牌職位相關的人員。

果不其然，最終讓我們找到了，可是那個人已經離職了。幸運的是，透過電話交流，他幫我引薦了當時在職的市場負責人李駿，他是個非常和善而又積極、負責的人，合作中間一直在協調和爭取。很幸運，他也是個願意嘗新的人。

11.1 4 種方法，助你成功找到跨界人脈和資源

「我們沒有這樣的便利條件，該怎麼找？」

別急，我總結了以下 4 種方法幫你解決燃眉之急（提示：臨時抱佛腳畢竟不是長久之計，日常累積跨界人脈和資源才是明智之舉。本書第五部分為你準備了 6 種日常累積跨界資源的方法）。

01 根據定位主動搜尋

只要定位好跨界對象，就可以透過一些方法直接獲取到對方的聯絡方式。例如，臉書、Instagram、Line、公司官網、Google 等。這些方法，我全都用過，非常有效。

現在的社交平臺實在太強大了，除了臉書可以直接搜尋和私訊交流之外（就是透過這個很多人都忽視的方式，我結識了很多知名的作家並和他們成了好友），有時我們要找的人就在我們的某個手機群組內，除此以外，在某個群組的聊天紀錄中，也有可能出現相關的關鍵字。

如果搜尋不到，我們可以透過公司官網去找商務合作的聯絡方式、應徵聯絡方式等。曾經在可口可樂公司工作時，我透過某美妝品牌網站的聯絡方式，最終聯絡到了具體的負責人並到公司拜訪。

在網路興起之前，我管理名片的方式是名片夾，現在隨手加個 Line 或留電話，備註名稱即可。在此，我要分享一個我認為非常有用的細節和祕密。

隨著認識的人越來越多，我有時會忘記某個人是做什麼工作的，如何認識的，有什麼需求，有什麼重要資訊。後來，我找到了一種方法。

那就是在他的名字旁邊備註上關鍵詞，如果比較長，就在備註欄備註上詳細內容。例如，他的工作，我們如何認識，我喜歡的他的某個特質，他能夠與我在日後產生怎樣的連結，他是誰推薦給我的等。

為什麼要備註這個人是誰推薦給你的呢？這就涉及下一個方法中的第 4 個提示了。

02 善於發動第二人脈

在工作中，我經常聽到一些人抱怨：「哎呀，我不認識這樣的人啊！」

「去哪裡找他們啊？」

……

要知道，每個人來到這個世上，除了父母外，我們誰也不認識。但就是在成長的過程中，我們不斷地會遇見各個領域的人。所以，一定有方法。

善於發動第二人脈，就是非常有效的方法之一。

舉個例子。你需要找一個辦講座的場地。你完全可以花 30 秒時間在社交平臺上發一條動態，寫明所有的需求（而不是只寫一句你需要場地），請朋友們支持你，並附上一句話：「如果你認識有這樣資源的朋友，還請大家多多幫忙引薦。」這樣，你便借助你的第一人脈向你的第二人脈招手。

我的通訊錄有一個分類叫做「董幫幫」，幫助朋友發布一些可靠的需求。對他們而言，我就是他們的第一人脈，而我的其他朋友便是他們的第二人脈。你知道嗎？這個世界上，熱心的人真的很多，我發布的訊息下面經常會收到這樣的回覆：

「我朋友是做這個的，我幫你引薦。」

「我朋友認識。」

這樣，對朋友而言，就已經是發動了第三層、第四層的人脈了。許多的連結就是這樣實現的，如圖 11-1 所示。

然而，並非所有的求助都能如此順利，請留意以下情形。

▶ 如果你的朋友不願意為你引薦

與之相反，當想要 A 幫忙引薦一個他相識的朋友 B 時，我們與 B 的緣分在 A 這裡可能就中斷了。經過觀察，我發現大多會存在以下幾種可能。

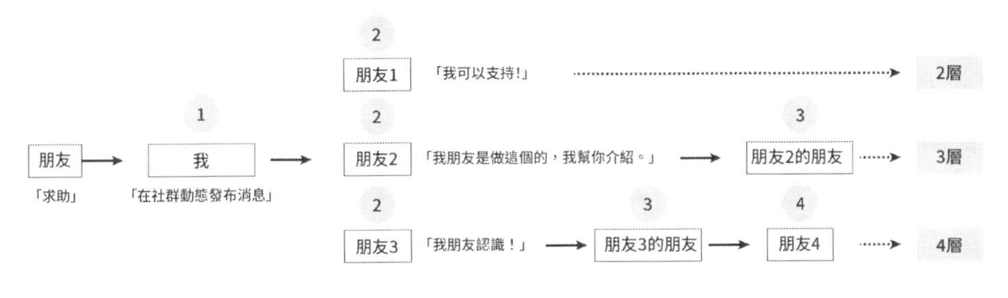

圖 11-1 善於發動你的第二人脈

情境 1

> A 為了保證自己為 B 推薦的朋友的素質，維護自己在 B 心中的好感度，在還沒有了解清楚你的需求時（很可能他僅僅只是沒有那麼多的精力去了解），就把你的請求否決了，他認為你的需求即便告訴了 B，B 也不會支持，因此直接拒絕了你。

我曾經遇到一種情況，在 A 拒絕之後，透過 C 我們聯絡到了 B，並與 B 一拍即合，這種情況往往是由於 A 和 B 的認知差異造成的。例如，你想透過 A 認識他的主管 B，A 不敢推薦，怕主管怪罪。

見招拆招，你能做的是：

- ◆ 簡潔明瞭地表達意圖、謙虛真誠地表達渴望，讓 A 認可你的需求，感受到你的真心誠意，從而願意主動幫助你。
- ◆ 增加備選方案，如果 A 路不通，你還有 C、D、E…
- ◆ 平時注意累積你的人脈圈，關鍵時刻才能借助到第二人脈。

情境 2

A 在內心深處對你並不認可，有可能 A 了解到你曾經做過的某件事違背了社會公認的價值觀，於是 A 不願意幫你推薦 B。在社交圈內，的確有這種現象，因此遭到大家的排斥。因此，維持自己在社交圈內的良好口碑很重要。

見招拆招，你能做的是：

◆ 在日常合作中，保持良好的口碑和形象。大家都喜歡真誠，為對方著想，認真、負責、有擔當的合作夥伴，總結為兩個字，就是「可靠」。

◆ 平時多施予援手，多幫助別人，關鍵的時候，大家也更願意支持你。想想看，平日裡別人找你時，你總說太忙顧不上，等你需要幫助時，別人也就「沒空」了。

情境 3

這種可能雖然不多（我也希望未來這樣的心理會越來越少），但它是存在的。人有求勝和自私的心理，生怕別人比自己強大，因此，有時 A 內心的不自信和恐懼會導致他不願意幫你引薦，尤其是他的重要人脈，以免失去他自己的優勢。

見招拆招，你能做的是：

◆ 充分地表達這件事的重要程度和你對 A 的感激，給他安全感。必要時，要讓 A 了解他在這件事中的重要性，以及他的付出有可能帶來怎樣的收穫和回報。

◆ 在與 B 互動後，向 A 表達感激，並簡單地說明在他的幫助下你和 B 的進展。

◆ 如果行不通，保持尊重。放棄這條路，也是一種選擇。

情境 4

A 太忙，即使答應了，但是掛斷電話後，轉頭就忘了。這樣的情況大量存在。

見招拆招，你能做的是：

- ◆ 打完電話隔一段時間後，提醒一下 A，有時候 A 真的不是故意的。提醒時要注意頻率，如果 A 真的在忙，過多的打擾反而會對 A 造成負擔。
- ◆ 告訴 A 這件事情的緊急程度，你希望他能夠在什麼時間幫助到你，讓 A 的節奏和你保持一致。

當然，反過來看，如果我們自己是 A，掛完電話就及時處理，就不容易忘記了。[09]

鑑於以上對比，那些大方、熱情地幫你引薦 B，甚至更願意為了你提前打個電話給 B，請他多多支持你的那些 A，你要更加珍惜和感激。

▶ 為何對方不願意幫你

新的問題來了：如果你和 A 也不認識，就像你在某個群組內呼籲請求幫助，A 說他有朋友有相關的資源。這個時候，如何讓 A 願意幫你引薦真正的負責人呢？

你要做的第一件事是讓 A 信任你、喜歡你，對你這件事情感興趣。否則，別人為什麼要浪費時間幫助你呢？

舉個真實的例子。我經營市場部的社群媒體已經 4 年多了，經常收到加好友的申請。我們來看一下，當遇到下面 3 種情況時，你會作何反應？

09　這也是好運法則之一。在日本作家本田健的《讓好運每天都發生》中，記錄了 49 種好運法則。本書中分享的許多諸如人際相處、危機處理、給的能力、跨界思維等觀點，都與之不謀而合，因此，我相信掌握本書的方法，是能夠為大家帶來意想不到的好運故事的，而我本人和跨界品牌對接會的諸多與會者均已多次親身經歷過許多無法解釋的不可思議的好運。

情境 1

申請好友的備註中是這樣寫的：「您好，我是 xx 公司的市場總監 xxx，A 向我推薦的您，希望能……」（企業、職位、姓名、訴求的完整備註）。通過好友申請後，我收到了非常禮貌和親切的問候，然後新朋友發來了自己更詳細的介紹，並清晰地說明了來意。有時，他還會主動列舉出他願意為大家貢獻的資源及幫助有哪些。

情境 2

透過好友申請之後，我收到的第一句話是：「拉我進群組。」

我回覆：「您好，很高興認識您，請問您怎麼稱呼？」

「大立。」

「可以知道您的全名嗎？您具體負責哪些部分呢？」

「做品牌，喊我大立就好。」

情境 3

好友申請中沒有任何備註，也看不到任何其他的相關資訊。

面對上面這 3 種情況，如果是你，你會如何回應呢？我相信大多數朋友都會喜歡第一種。這就是換位思考和「給的心態」，站在對方的角度思考問題，一出手便會得到很好的第一印象。我所管理的分會，入會條件是非常嚴格的，必須參與線下活動並確認志同道合後，才可實名制加入分會，為的就是確保彼此之間有一個值得信賴的、友善的合作氛圍。

▶ 深夜，女鬼申請添加聯絡方式

跟大家分享一個我親身經歷的小故事。

有一天深夜凌晨，我收到一個好友申請，當時嚇了我一跳！毫不誇張地說，是心裡咯噔了一下。

這個新朋友的名稱叫做「山禾女鬼」。

沒有任何其他備註訊息。

想了一下，有可能是小 A 向我介紹的一位新朋友，我就通過了。通過之後，我禮貌地發了幾條訊息，對方一直沒有回應。我想也許是休息了，就想先去看看他發布的動態以增加了解，結果，什麼也沒有。

想想看，大半夜一個人在房間，收到一個網名為「山禾女鬼」的申請，毫無其他訊息，頭像非人像照片，根本就搞不清楚對方是誰，這嚇不嚇人？

需要他人的支持，首要具備的兩點就是對對方的尊重以及換位思考的能力。例如，如果非要用「山禾女鬼」這個暱稱，是否可以在得知對方是位女士的情況下，換個時間發起好友申請？再退一步，深夜加好友時，是否可以在申請欄中備註上自己的真實訊息，再或者打個招呼也行。

▶ 喝水不忘挖井人，更不要忘了「遞給你鐵鍬」的人

隨著年齡的增長，真的是感覺記憶力越來越不好。有時經由一個朋友 A 的推薦，我們和新的朋友 B 共同合作了某件事，隔了一段時間，案子終於完成，想要去感謝 A 時，突然想不起來「是誰幫我引薦了 B。」

後來，我就養成了一個習慣：當我的一個新朋友是 A 推薦時，我會在 B 的名字後面加上一個括號，備註上是 A 引薦的；反之，如果是某個朋友推薦他加我的，我也會備註上是誰的朋友。

這樣會有以下兩個好處：

- ◆ 朋友推薦他來找我，一定是信任我能夠幫助到他的這位朋友。那麼我必然要盡力支持，這也是對朋友對我的信賴的回饋。
- ◆ 方便回覆朋友，及時匯報事情的進展，讓朋友放心。

在工作和生活中，我們時常會記得最終和我們一起成功的那個人，卻往往會忽視那位幫我們牽線的人，若沒有那個「紅娘」，我們也許無法結識這位新的合作夥伴，更無法擁有後來的成功。

03 善於借助圈層能量

現在各種標籤的社群組織非常多，遇到燃眉之急時可以請求社群群主幫忙，他們的人脈資源和號召力是非常強大的。

如果你已經加入其中，你就可以輕鬆地與大家進行連結，尋求支持。例如，如果想聯絡各大企業的市場、品牌相關負責人，可以加入全國各地的分會中，基本上你的需求在很短時間內就會得到熱心的答覆。

04 成為磁鐵並主動吸引

有一句話非常美好：「我們總是幻想著能回到過去，但為什麼不想像著現在的我們就是從未來穿越回來的呢？」換個角度，就是另一個世界。這和跨界思維中的「逆向思維」如出一轍。

我們前面一直在探討該如何去鎖定並找到跨界對象。換個角度，為什麼我們不能讓這些優質的資源主動來找我們呢？

沒錯，我們要想清楚的事情只是：

- ◆ 這些資源為什麼要主動找我們？
- ◆ 如何才能夠讓對方找得到我們？

我很喜歡的一個作家王瀟，她曾講過這樣一句話：「什麼是真正的人脈？真正的人脈是，當有好的機會出現時，他能想起你，打電話給你。」

我在很多個城市分享時，每次提到這句話，無一例外，觀眾都會先愣住一秒，然後意味深長地點點頭，舉起手機拍大螢幕。

當我們具備一定的資源和影響力，或者極好的口碑時，就會吸引來很多意想不到的資源。正如我幫大家引薦的那些合作，那些「被找的人」就是吸引來了「找他的人」。

在活動中清晰地介紹自己，給他人留下良好的第一印象，在媒體中留下聯絡方式，請朋友踴躍推薦……都是非常簡單又高效實用的方法。建議你去檢查一下自己是否設定了「無法透過群組添加好友」，改過來，讓機會可以找到你，至於要不要通過好友申請，由你自己來決定。

11.2 兩種價值觀助你成功說服

問一個問題：「別人找你談合作時，什麼情況下你最容易拒絕對方？什麼情況下你會非常快速地接受合作，或者不求回報地支持對方？」

有一年春節，我們舉辦了一場以「連結．增長」為主題的跨界年會。現場的茶水點心是由本地一家糕點品牌提供的，擺盤非常的漂亮，口感獲得了現場人員的一致稱讚。而我和他們公司的創始人，直到活動當天才在現場第一次見面。

我問她：「為什麼你沒有見過我，卻願意贊助這場活動，你不怕我騙你嗎？」

她說：「的確，之前贊助過一些活動，對方承諾的客群與實際到場的有很大的偏差，我們不太想走這樣的形式了。但是在與你溝通的過程中，我所感受到的與之前完全不同，我非常想要支持這場活動，而且，以後只要你需要支持，我都願意全力以赴。」

我聽完之後非常感動，具體問了一些原因的細節，大概總結為以下幾點。

其一，我們在電話溝通時，我首先問了一些她對這個品牌的願景，以及當前發展的現狀。接著，我解釋了一下我這麼問的意圖：如果我們這場活動無法幫助她實現她真實的需求，那麼我希望她暫時先不要贊助，畢竟糕點是實實在在的成本，我可以為她推薦更適合她的拓展管道。如果這次合作可以為她帶來實際的支持，那我很期待也很感激他們的支持。

其二，了解完她的品牌現狀之後，我發現，她的顧客回購率很高，忠誠度不錯，但是新客戶增加有限。對於糕點而言，除了外觀外，更重要的是口感，因此，她們需要更多的潛在新顧客品嚐和認可。

其三，然後我力所能及地提供了我們的線上、線下、現場的宣傳支持，並在活動結束後在社群裡再次感謝了她們的贊助，並再次推薦了她們的品牌，社群內成員可以直接添加她們工作人員的聯絡方式，這樣，她們地收穫了一眾喜歡甜點的精準粉絲。

至此，我的心裡終於踏實了。對贊助夥伴來說，花費的是成本，而對我來說，他們贊助的除了成本之外，還有信任和感情。其實，在我親自談成的一些合作中，大部分都是透過電話的形式促成的，見面只是敲定細節或者執行一些必要的流程。我很感激那些信任我的老朋友、新朋友，我真心希望他們給我的所有支持都能讓他們在日後收穫成倍的回報。

有關說服的技巧有很多，關於談判、溝通技巧的書也有很多，但在跨界中，真正發揮功效的未必是這些，而是「真誠」和「給的能力」。我想為大家分享兩個經過無數次驗證，能夠助你成功說服對方的價值觀，那就是——利他精神和情感連結。

01 利他精神

那位糕點品牌的創始人說：「別人找我們要贊助，談到活動和客群的時候，大多是怎麼好怎麼說，有的說是高端人士的活動，結果現場一看完全傻眼，但你不一樣，你會認真地幫我分析，告訴我們實際的情況；別人總是盡可能多地要求糕點數量，但你不一樣，你會盡量幫我們節省成本，不無端浪費；和別人合作時，活動一結束，就沒有然後了，但你不一樣，你還會推薦新的客戶和機會。」

這裡面三個「但你不一樣」包含了我之所以能夠獲得他們信任的原因——為他人著想，也稱為「利他精神」。

接下來，新的問題來了：怎樣才是真正的「利他」呢？

你可以這麼做：

- ◆ 了解對方的真實需求。

- 坦誠地告知你能夠提供的資源和支持。
- 表達長期合作的意願和方向。

在自序中，我提到的那位連鎖洗衣店的市場總監，第一次與合作方見面就突破了對方的底線實現了合作。這背後最大的原因，就是朋友的極致利他精神，使得對方對朋友本人充滿了認可和信任。沒錯，是因為這個人，而不是因為公司。

我常講一句話：「當我們沒有了公司的頭銜，沒有了公司的資源，我們是誰？大到這個世界，小到我們的社交圈，還有誰會依然支持我們？」

有的朋友無論是跳槽到哪家公司，還是重新創業，都有許多朋友願意繼續支持他；而有的朋友，離開了原本的職位，就也從合作夥伴的心中離開了。這其中的差別不言而喻。

02 情感連結

在前面的例子中我們可以發現到，在利他精神之後，雙方還產生了一種信賴、認可、欣賞。這種情感連結更好地促進了合作，並有助於成為「真正的人脈」。

▶ 溫暖比牛奶更重要，連結比利益更重要

哈利．哈洛（Harry F. Harlow）是英國比較心理學家，他曾經對猴子做了一系列的系統研究，其中非常著名的是「恆河猴依戀實驗」。在實驗中，哈洛把剛出生的小猴子與猴媽媽及同類隔離開，結果他發現小猴子對蓋在籠子地板上的絨布產生了極大的依戀。它躺在上面，用自己的小爪子緊緊地抓著絨布，如果把絨布拿走的話，牠就會發脾氣。

於是，哈洛又做了一個實驗進行對比，當他把奶瓶從小猴子的嘴邊拿走時，小猴子只是張張嘴唇，或者用爪子擦去它下巴上滴落的奶水。但當哈洛把絨布拿走時，小猴子就開始尖叫，在籠子裡滾來滾去。

這個對比的結果非常明顯。

與之類似的還有一個著名的實驗。哈洛和他的同事把一隻剛出生的小猴子放進一個隔離的籠子中養育，並用兩個假猴子替代它的媽媽。這兩個假媽媽分別是用鐵絲和絨布做的，「鐵絲媽媽」的胸前有一個可以提供奶水的橡膠奶頭，而「毛絨媽媽」則沒有餵奶功能，如圖 11-2 所示。按哈洛的說法就是：「一個是可以 24 小時提供奶水的母親，一個是柔軟、溫暖的母親。」

你能猜到這個小猴子是更喜歡能喝奶的「鐵絲媽媽」，還是更喜歡溫暖的「毛絨媽媽」嗎？

實驗證明，剛開始小猴子大多圍著「鐵絲媽媽」，但沒過幾天，情況就變了。小猴子只在飢餓時才到「鐵絲媽媽」那裡喝幾口奶水，其他更多的時間都是與「毛絨媽媽」待在一起。而當小猴子在遭到實驗人員安排的不熟悉的物體（如一隻木製的大蜘蛛）的威脅時，它會跑到「絨布媽媽」身邊並緊緊抱住它，似乎「絨布媽媽」帶給小猴子更多的安全感。

恆河猴與人類的基因有著 94% 的相似性。哈洛的實驗對於人類的心理和行為研究有著相當高的參考性。對於實驗中的小猴子來講，小猴子對溫暖的感覺（與媽媽的情感連結）產生的依賴感，遠遠勝過吃飽的感覺（食物）所帶來的依賴感。用一句話來概括就是：溫暖比牛奶更重要，連結比利益更重要。

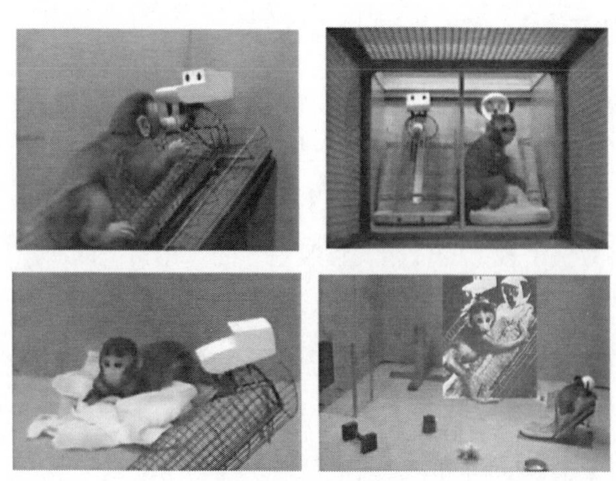

圖 11-2 恆河猴實驗

還記得在本書第 4 章跨界認知塔中的第一層「置換層」部分的最後，我們留了一個問題給你嗎？那就是：當有一些資源別人可給你也可不給你時，為什麼要給你？

在跨界合作過程中，情感的連結所發揮的作用有時遠遠勝過利益的驅動。在我們的人生旅途中，一定有過不圖回報地幫助別人的經歷。還記得在那個時候，我們心裡的感受是什麼嗎？這種感受就是我們與對方之間的一種無形的情感連結。而當有這麼一個人無私地幫助了我們，我們在心裡對這個人的感覺一定與之前有所不同，當他有需要支持的地方時，我們也會不由自主地想要幫助他，或者我們認為自己有責任去幫助他。

▶ 如何在跨界合作中快速建立情感連結

在實際的跨界合作中，我見到過太多基於第一印象很好，繼而迅速走入深度交往的朋友，也見到過初期印象很好，但合作過程中關係破裂的情況（事實上，我聽到的原話是：「他怎麼能這樣！以後再也不會跟他合作了！」），更惋惜的是那種初見就令人不想繼續接觸的情況。

那麼，究竟如何做才能迅速建立一個良好的情感連結呢？為了提供更多真實的參考，我採訪了許多在跨界合作中非常有實戰經驗的品牌負責人，將答案歸納如下。

首先，剛認識的前幾分鐘，個人吸引力發揮著關鍵作用。研究結果顯示，大家更容易對具備這樣特質的朋友產生好感——隨和親切、讓人舒服。

其次，隨著交談的深入，我們會感受到對方更多的特質。研究中發現，大家對具備這樣特質的朋友會持續提升好感——真誠、恰到好處的熱心、擁有共同的興趣、價值觀相同等。

最後，真實感和善意是破冰的良方。當面對新朋友或氣場過強的朋友而手足無措時，可以試著真實地表達自己當下的感受，或者對周邊事物的所思所想。

以下是來自不同行業、不同性格的朋友的部分回答。

問題 1：你更喜歡什麼樣的朋友？

- 可靠，不說大話。
- 做事成熟穩重、實在。
- 不虛榮做作、不好高騖遠。
- 溫和、友善、健談。
- 隨和親切、讓人舒服、恰到好處的熱心、誇獎、真誠、相同的愛好。
- 價值觀一樣的同時，還有共同的目標和思維方式。

問題 2：你認為怎樣能快速建立情感連結？

- 如果是正式場合上、商務上，那就少言多聽，照顧別人的感受，順便投其所好。
- 即使沒說話，也會看對方笑笑，讓對方感覺到我的友好，接下來的溝通會順暢很多。
- 我一般見新朋友，開口說話很真誠，然後就是誇讚他／她。
- 找到那個新朋友的志趣所在，然後用真誠的行為與其交往，或者從一些微小的舉動入手，對他／她進行關照。
- 良好的個人魅力，是吸引更多人接近你的最重要的因素。個人魅力的素養需要時間、知識、閱歷、溝通、社交等多方面結合養成。
- 我覺得建立情感連結有幾個方面：一是聊一些彼此感同身受的經歷或者家庭、學習背景之類的；二是連結共同認識的朋友，這樣也會拉近距離；三是關心對方近期遇到的問題和困惑，並結合自己的經驗給予一定的建議和幫助。

總結一下：

這一章中，我們分享了 4 種快速找到跨界對象的救急方法，分別是根據定位主動搜尋、善於發動第二人脈、善於借助圈層能量、成為磁鐵並主動吸引。此外，還分享了成功說服對方的兩種核心價值觀一利他精神和情感連結。這些方法和價值觀都是我及我的朋友們在跨界實踐中反覆印證過的特別有效的方法，希望也能為你帶來意想不到的收穫。

第 12 章
策劃執行：運用生理學和心理學，打造高體驗感的一系列實作祕密

12.1 如何透過跨界提升利潤

如果跨界是為了提升業績，那麼我們需要首先來分析業績的影響因素，以及用戶與這些因素之間的關聯。我們以大家通常最為關心的利潤為例。

在「**利潤＝用戶量 × 銷售金額－成本**」這個公式中，要增加利潤，需要降低成本，提高客流量、售價。

大家一看就明白了，成本不僅可以透過贊助和交換的方式來節約，也可以透過深度融合的跨界合作，來降低開店成本，例如亞朵酒店和網易雲音樂的合作，還可以透過管道的跨界來提升銷量，進而提升議價權，達到降低成本的作用。

那麼，每一位顧客的銷售金額又該如何提升呢？

有兩種途徑：一是透過員工的連帶銷售進行促銷，這對員工的銷售和服務能力有一定的要求；二是透過增加品項和數量實現連帶銷售。

我們以 7-Eleven 為例。它不是只銷售商品的便利商店，而是定位為「城市基礎設施」的店，是一家生活服務連鎖店，提供鮮食、ATM 機、影印、費用代繳等服務。如果我們把這個對應到跨界類型中，是不是就是「體驗跨界」了呢？或者你還可以將相同價格區間的產品、相同消費場景的產品放在一起，引發購買聯想和衝動消費。例如，原來想買一盒泡麵，看到買兩盒送熱狗，於是就買了兩盒泡麵；或者是本來想買一盒泡麵，看見旁邊擺著熱狗、小魚乾、雞腿、飲料等，於是順手又買了一根熱狗、一瓶飲料、幾包小零食。

這個我們可以稱之為「零售＋ X」模型，即透過提供更多的附加價值來提升每一位顧客的消費金額。

在零售＋ X 模型中，我們會實現以下兩個價值。

01 滿意度的提升

滿意度的公式是：滿意度 = 感知價值 - 用戶期望。用戶原本是去買日用品的，結果發現這裡還可以做更多的超級方便的事情，那麼，超出原有期待的價值，就會促使用戶對我們更加滿意。在前文中提到過的那個「玩偶喬西」的故事，所提供的「出乎意料的驚喜」會讓顧客更加滿意，而顧客驚喜的背後，其實就是附加價值。

02 交叉銷售提升業績

交叉銷售是很好的提升顧客銷售金額的方式，也就是透過滿足顧客的多種需求，實現銷售多種相關產品。就像你去品牌服裝店購買上衣時，服務員通常也會向你推薦一下下身搭配。

交叉銷售的類型有：互補性產品、同品牌產品、配件產品、價格相似的產品。

- **互補性產品**：牙膏和牙刷、刮鬍刀架和刀片、眼鏡框和眼鏡片、早餐中的包子和豆漿、筆和筆記本、乒乓球和球拍……有時我們買了泡麵、餅乾，通常會選擇再拿一瓶水或者飲料。
- **同品牌產品**：基於對某個品牌的信賴和喜好，會選擇多款該品牌旗下的產品。例如，選購化妝品、家電、電子產品、服裝的時候。
- **配件產品**：買手機時，我們通常會選擇購買一個手機殼、貼一款手機膜、購買一副耳機和行動電源等。
- **價格相似的產品**：有一次和母親逛賣場，一進門發現中間擺滿了促銷產品，同一個區域的商品售價全部一樣，價格從 10 元，20 元，50 元，直到 150 元，我和母親都不由自主地購買了同價位區域的多款商品。這就是當價格相似的產品放在一起時，往往會形成連帶銷售，進而增加顧客的消費金額。

因此，「目標主營商品 + 交叉銷售商品」的行銷策略是一種非常有效的提升顧客消費金額的方法。我們可以根據主營產品的類型選擇不同的附加價值，且這個附加品可以是付費的，也可以是免費的。只要我們提供的產品能夠真實有效地滿足用戶的更多需求，用戶就會對我們的產品更加的依賴。

12.2 有一個事實很恐怖，你的產品在別人那裡正趨於免費

雖然跨界可以幫助我們降低成本，提升顧客消費金額或者客戶數量等，然而新的問題出現了：你可以做到，其他人也可以做到。

美國作家凱文·凱利（Kevin Kelly）在《必然》一書中提到，在經濟學中有一條定理 —— 一旦某樣事物變得無處不在，那麼它的經濟地位就會突然反轉。它確實還是擁有價值的，但是不再值錢了。作者說：「網路是世界最大的影印機。」我們必須找到一個方法，讓我們的產品不被免費化，或者找到一個即便是在別人那裡免費，但是用戶依然願意付費給我們的理由。

如何找到這些無法複製的、罕見而有價值的理由呢？我們需要問自己兩個問題：

- ◆ 為什麼人們會為能夠免費得到的東西付費？
- ◆ 他們買的究竟是什麼？

我們在第 9 章「需求定位」中，分享了兩種洞察用戶內心的角度（10 種購買動機、2 種內心力量）。下面，我們從生理層面來尋找答案。

01 為何消費者願意持續喜歡並重複購買你的產品或服務

美國心理學家伯爾赫斯·弗雷德里克·斯金納的強化理論，說明了其中的緣由。為了清晰地解釋這一點，我們必須先了解一些生理學的概念。

▶ 主宰情緒和行為的是生理因素

我們一直在說，人們喜歡追求美好的感覺，迷戀並渴望自己是以一種美好的狀態存在著的。那麼這種美好而愉悅的感受究竟是怎麼來的呢？為什麼人們會忍不住購物，拿回家後又束之高閣？為什麼有些消費體驗會讓人念念不忘？為什麼有些產品總是讓人忍不住還想再來一點？為什麼我們的顧客會指定某個服務人員來服務？

心理學家和神經學家發現，人們對事物的情感反應受會到大腦中某些物質的影響。

多巴胺

人腦中存在數千億個神經細胞，透過傳遞腦部訊息來控制人們的行為。神經細胞彼此之間存在著空隙，當訊息傳遞神經細胞上的突觸時，它就會釋放出能夠越過這個空隙的化學物質，將訊息傳遞過去，這種化學物質就叫做「神經傳遞質」。而多巴胺就是下視丘和腦垂體分泌的一種傳遞喜悅、興奮的神經傳遞質，它能讓人們體驗到在接受挑戰、冒險和新鮮事物的刺激時的愉悅感和興奮感，並讓人上癮。

人們在購物時，能夠刺激多巴胺的分泌，因此，如果你能夠激發顧客的大腦分泌更多的多巴胺，顧客便會在消費過程中產生更多的興奮和喜悅，進而引發更多的參與和消費行為。

可是為什麼有些人興奮地買來一件衣服，回到家後就束之高閣了呢？那是因為當購物行為完成之後，多巴胺的濃度會迅速下降（這就是釋放多巴胺的神經元自帶的「回收」功能），人們在看到這件衣服時也不再有當時興奮的感覺。除非這件衣服有故事，例如是你朝思暮想的偶像明星送你的，你回憶起來時依然能充滿興奮感。也就是說，如果你能創造更多的內容連結，便有可能再次激發顧客大腦中多巴胺的分泌。

更多研究發現，獲得預期和期待的那一刻，大腦就已經產生多巴胺，而並不是獲得的那一刻，多巴胺所帶來的是對獎賞的一種渴望和幻想，引導我們下一步的行動。

在餵猴子喝糖水的實驗中發現，在猴子獲得糖水時，監測到的多巴胺的活動顯著增加。接下來，在給猴子糖水前 1 秒鐘播放一個聲音來提示猴子，在猴子習慣了這一關聯後，他一聽到提示音，多巴胺的分泌就開始增加，而在實際獲得糖水時，多巴胺的活動不再增強。我們在網購時也是如此，我們最興奮的時候是我們期待著收到快遞的時候，一旦我們打開箱子拿到產品，興奮感就開始慢慢降低。因此，懂得經營顧客的期待，將會促進顧客的消費動機。

那麼要如何經營呢？對此我們會在強化部分做具體的分析。

腦內啡

腦內啡又稱內啡肽，是由腦下垂體和脊椎動物的丘腦下部所分泌的氨基化合物，它能緩解疼痛，降低焦慮感，讓人們體會到一種安逸、溫暖、親密、平靜的感覺，還有助於提高記憶力，讓人積極向上。

腦內啡的產生是需要人們付出的，無論是體力，還是精神。當我們運動完，或完成了一些事情，掌握了一些新的知識，就會有一種滿足感，內心充實、平靜，對自己充滿了認可，對未來充滿了信心。這就是腦內啡帶來的美好感覺，也是人們一直期待的感覺。大笑、幽默、運動等都能產生腦內啡。因此，如果你能夠讓消費者感受到開心和滿足，激發消費者腦內啡的產生，那麼顧客便會更深刻地記住這份感受，記住你。

腦內啡與多巴胺的不同之處在於，多巴胺帶給人們的是獲得前的飢渴感，讓你保持在一種興奮的狀態，不停地想要「再來一次」，停不下來的賭博、打遊戲、熬夜、看電視等，就是多巴胺的驅使作用。但是事後你開始後悔和感覺空虛，這就是多巴胺的副作用，它有可能帶來的是焦慮，而非快樂。而腦內啡帶給人們的是獲得後的滿足感，讓人們體會到的是持久的愉悅。

這就是為什麼同樣是消費行為，購物和旅行在事後給人的感覺會有所不同。同理，在情感中，多巴胺帶來了戀愛時的興奮和激動，腦內啡則帶來步入婚姻後的溫暖與平靜。

血清素

血清素是人體分泌的另一種神經傳遞質，絕大多數產生於腸道，透過人體血液循環，維持人體血清素濃度正常，從而造成調節心情的作用。它能夠幫助人們放鬆心情，安撫、緩解焦慮和壓力，缺乏血清素會讓人們易怒、焦慮、疲勞，甚至會導致憂鬱症。

人們在陷入憂鬱的時候，以及在寒冷和黑暗的環境中，血清素的含量會降低。因此，當我們在規劃活動，或者設計店內的環境時，要盡可能地讓顧客感受到溫暖和明亮的感覺。早晨起來晒太陽，會讓人們心情大好。我們在做活動的時候，一般都會選擇環境優美的地方，看到陽光透過玻璃灑在咖啡桌上，總是讓人瞬間感到放鬆和舒適，這就是血清素的產生對心情的影響，血清素越多，心情就會越好，進而也會影響到腦內啡的產生，於是顧客就對我們的產品產生了更多的喜歡和依賴。

這和我去參加別人組織的沙龍時的感覺一模一樣，如果一進去，大家都在非常熱情地交談，互相打招呼，彼此之間非常親切，便會調動起內心興奮的感覺，如果沙龍內容很有價值，就會感覺到一種滿足感；如果去到一個沙龍，大家都很嚴肅，默不作聲，主動溝通也沒有用，或者沙龍環境很壓抑，自然地就會覺得拘謹。這其實就是外在的環境對我們的心情和行為的影響。

▶ 如何促進行為的產生

從生理層面了解了消費者願意持續喜歡並重複購買某些產品的原因，我們就可以尋找下一個問題的答案了：如何促進這一行為的產生？那就是找到能夠激發消費者對應情緒和行為的方法，並強化它。

- 我們可以透過視覺、聲音、動作、期待、緊迫感、增加挑戰性、新鮮感、開啟美好的想像等方式，來刺激消費者多巴胺的產生，讓消費者更加愉悅和興奮。想想看，那些玩得停不下來的遊戲，是不是具備了這幾點？
- 我們也可以透過幽默的傳遞、笑聲（笑容）、運動、一起完成有價值的內容、營造成就感、提升參與感和滿足感等方式，刺激消費者腦內啡的產生，讓顧客由心而生的產生愉悅和幸福感，並久久回味。
- 我們還可以透過提供環境、圖片、設計、道具、音樂、誘人的食物和水果等方式，刺激血清素的分泌，讓消費者感受到陽光般的美好和希望。

▶ 如何強化這些美好的感覺

斯金納在一系列的實驗（著名的操作性的條件反射）中，驗證了在強化物刺激下小白鼠的行為反應，並由此及人，認為這些強化的條件能夠塑造人們的行為。

在實驗中，斯金納將一隻飢餓的小白鼠放入「斯金納盒子」（斯金納特別為實驗而設計的盒子），盒子內部有一個槓桿，老鼠可以在盒子內自由活動。當老鼠在盒子內亂竄時會碰到這個槓桿，然後旁邊的一個容器裡會掉下一團食物。幾次之後，小白鼠學會了每當壓動槓桿就會獲得食物。

斯金納發現，只要透過將行為與獎勵不斷重複，建立連繫，就可以培養起操作者的行為模式。換句話說，行為是可以培養的。

斯金納又做了一個實驗。他將小白鼠放進盒子後，讓盒子通上電，電流使得小白鼠感覺很不舒服。當小白鼠在盒子裡亂竄時偶爾碰到槓桿，電流立刻被切斷。幾次之後，小白鼠很快學會了操作，一旦把它放進通電的這個盒子裡，它就直奔槓桿去切斷電流。

斯金納在此基礎上又增加了一項設計，在電流來之前打開燈來教小白鼠避免電流。小白鼠學會了當燈被打開時，就立刻去按槓桿，因為它知道燈亮預示著電流就要來了。這個與前者小白鼠按壓槓桿不同，前者被稱為「逃避條件行為」，後者被稱為「迴避條件行為」。一個是不良刺激出現時做出的逃避反應，一個是預示著不良刺激即將出現的信號出現時，所立刻做出的迴避行為，如圖 12-1 所示。

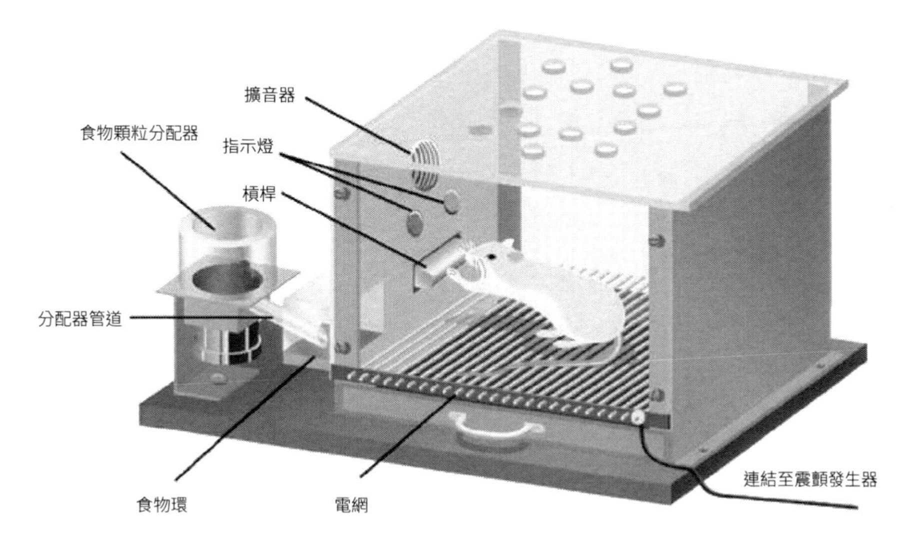

圖 12-1 斯金納的「小白鼠實驗」

小白鼠不斷地重複壓動槓桿這個行為，以避免電流帶來的不適感，並學會了看到燈亮就提前預判並觸發行為。「減少懲罰」、「降低痛苦」能夠迅速地使其建立起行為模式，只是一旦箱子不再通電，這個重複的行為便迅速消失了。也就是說，當「懲罰」和「痛苦」消失後，由此建立起來的行為模式也會迅速消失。

斯金納透過實驗發現，動物的學習行為是隨著一個強化作用的刺激而發生的。所謂強化，指的是某種行為所帶來的後果在一定程度上會決定這種行為在今後是否會重複發生。小白鼠透過按壓槓桿獲得了食物，或者透過按壓槓桿消除了電流刺激，這種結果導致小白鼠每次進到實驗箱內，便會重複這個動作。

其中，前者屬於正強化（積極強化），也就是透過獲得某種獎賞以強化某個反應或者行為。當人們採取某種行為時，能從他人那裡得到令其感到愉悅的結果，這種結果反過來又推動人們重複此種行為。例如，一位女性透過在你這裡學習瑜伽而獲得了更多的肯定和讚賞，那麼她便會更願意在你這裡繼續學習。

後者屬於負強化（消極強化），也就是透過行為減少或者去除令人不快的、帶來不良刺激的強化物（實驗中的電流），阻止或消除不愉快的體驗，並由於刺激的減少而加強或重複該行為。當人們透過某種行為降低了自己的痛苦，那麼便會提升再次發生該行為的可能性。例如，產生身體的疼痛，或者出現焦慮時，人們會透過吃藥等方式來緩解和去除這種不良感覺。

斯金納認為，人們會採取一定的行為作用於環境，以獲得期待的結果。當這種行為的後果對其有利時，這種行為就會在以後重複出現；反之，當行為的結果對其不利時，這種行為就會減弱或消失。這種修正行為的方式就是強化理論，也叫做行為修正理論。

由此，我們可以根據產品和服務的特性，選擇合適的方式，強化用戶的行為。

怎樣才會使強化有效呢？

(1) 找到有效的強化物

要讓用戶喜歡並持續喜歡我們，我們首先需要找到能夠強化這種行為的有效強化物，否則，便無法激發用戶的多巴胺、腦內啡、血清素等的分泌。

為什麼恰恰瓜子面膜一度賣到無庫存，花露水雞尾酒被大家持續熱捧？因為這種跨界帶來的新奇的刺激感激發了大家的好奇心和好感。還有一種現象，為什麼有些活動我們參加完還會想去，甚至會在現場消費，而有些活動我們參加不到 10 分鐘就想離開呢？

因此，找到適合潛在顧客的強化物非常重要。這個強化物可以根據產品的類型，選擇正強化或者負強化的方式。具體如何選擇，可以參考本書前面分析的幾種消費者心理動機和內在力量（渴望或逃避）。

(2) 系統內保持一致

當確定並展示了強化物，並引起了強化反應，接下來最重要的是一定要保持一致。就像實驗中切斷電流的方式，不能一下子壓動操作桿，一下子亮燈，否則小白鼠就無法建立起一個行為模式。

同樣地，我們對某個品牌的認知也是一個基於一致的重複的過程。就像如果手機品牌只做一次活動，那用戶就很難建立起與之相關的印象。還有，售前服務如果做得非常好，甚至不惜誇大某些事實，而一旦用戶在使用和售後過程中發現了不一致的地方，其好感度就會立刻下降。假如品牌印象經常發生變化，粉絲就很難形成統一的認知。總之，強化物要在系統內保持一致，不能一下子有，一下子沒有，也不能一下子是 A，一下子是 B。

(3) 有效時間內作用

要取得最好的激勵效果，就應該在行為發生後盡快採取適當的強化方法。

在實驗中，斯金納後來將箱子中壓動槓桿時掉落食物的時間做了調整，由一開始的只要按動槓桿便會立即掉落食物，逐漸放慢到每 1 分鐘後，按下按鈕會機率性地掉落食物。小白鼠一開始不停地按動槓桿，過了一段時間之後，小白鼠學會了間隔 1 分鐘按一次按鈕。重點是，當掉落食物停止時，小白鼠的重複壓動槓桿的行為也隨即消失了。

當某些行為在一定時間內不予強化，此行為的頻率將自然下降並逐漸消退，這便是強化除正強化、負強化之外的第 3 種情形 —— 消退。因此，我們在給予消費者強化物時要及時並適時。

我看到一些做得非常好的活動，大家自發性轉發動態貼文的熱情非常高，而有些活動大家參與完之後，似乎沒有什麼分享。這究竟是為什麼？

有差別就一定有原因。後來我觀察到，其中一個影響因素是活動現場高清照片（調過色的）是否傳遞得及時，同時，用戶獲取是否方便。

例如，有一次在活動進行到後半場時，角落裡有一個女生在筆記型電腦裡面悄悄地上傳照片、調色、修圖，然後，在活動剛剛結束的那一刻，所有美照就已經發到了群組內。此刻，正是大家熱情高漲，有分享慾望的時候，看到這麼好看的照片，以及攝影師把自己抓拍得美美的樣子，誰不願意分享一下呢？

(4) 有效地呈現效果

2019 年五一勞動節前的一個週六下午，一個房地產的朋友打來電話說：「煩惱得不得了，週日花藝沙龍的報名人數太少了，現場至少要有 30 人才有氛圍。」

而當時的情形是，活動是週日下午 2 點開始，我在週六下午 4 點接到電話，花材供應商需要提前按人頭準備花材，因此，需要在週六晚上確定好人數。不巧的是，週日是規定的補班日，許多公司不放假，且天氣預報說有雨。

此時，朋友告訴我說，活動現場很漂亮，還有烤箱、豆漿機等大獎送出，而且是免費報名參與，還有專車接送。我一聽就傻了，這麼好的活動，為什麼報名人數不多呢？我猜想，是不是大家根本就不清楚這個活動的價值？花藝 DIY 的花材費用至少也需要 400 元。

於是，我趕快請朋友發他們的海報給我，想讓已報名的人員幫忙轉發擴散。可拿到海報的那一刻，我卻傻眼了！除了活動主題，看不到任何吸引我報名的理由，換句話說，這個海報做得很精緻，也很高級，但我不知道它是做什麼的，與我有什麼關係。

最後，我選擇放棄用這張海報，讓朋友蒐集了一些往期花藝活動中的美照，以及花藝的成品照片。在重新梳理了活動的價值和稀缺性後，不到半個小時，就招募到了 10 名搶著占座位的粉絲，並建立了一個小群組。

之後，我們在群組內進行了一波又一波的呈現和互動，群組內開始熱鬧起來，大家不斷地在問，可否多加一個名額讓自己的朋友也一起參加。在這樣的氛圍下，有的報名者自己就帶了 3 個朋友參加活動。結果不到晚上 7 點，30 個名額已經額滿。最終，活動現場有 51 人參加，令朋友更加興奮的是，他發現這些人員的修養都非常高，現場氛圍和傳播效果比往期都要好。

如果說這中間有什麼「祕密」的話，那這個「祕密」就是「可視化」，也就是有效地呈現效果。

喜歡花藝的人，一定喜歡美，喜歡自己美，還有現場體驗的美。於是，創造一個期待並使之可視化，就能夠讓大家體驗到「想像的美好」，然後透過文字和圖片以及一些激勵方法，這些優秀的內容就「被看見」了。同時，我們也運用了正強化和負強化結合的辦法，避免大家放鴿子，用幽默的語氣強調了必須按時到集合地點。基於我往期的活動在社交平臺上呈現出來的美好感覺，他們對我親自推薦的活動有了基本的信任，這就是持續性呈現的強化效果。

因此，強化物的有效呈現對反應行為的效果有非常大的影響。

02 用 8 種原生性價值增加產品價值

既然產品的普遍性會使其趨於免費，並且降低了許多用戶的價值認同感，那麼，如何增加它們的價值呢？凱文 · 凱利提出了以下 8 種讓人們認為「比免費更好」的原生價值。

▶ 即時性

雖然無論早晚你都會找到自己想要的免費複製品，但是如果生產者能將產品在發布的第一時間，甚至是生產出來的第一時間發送給你，這就是一種原生性資產。

為什麼很多人願意付費走進電影院觀看首映場，而不是等串流平臺上線後在網路上觀看？人們花錢購買的並不是電影（電影在後期可以是「免費的」），而是即時看到最新的電影。還有，在排隊時，為什麼人們總想排在前面？明知道早晚都可以進場。那是因為大家知道由此衍生了一個職業叫「排隊黃牛」，這些人是專門賣排隊位置的。大家買的是排隊的序號嗎？不是，而是即時獲取想要的那個東西。從現實的角度看，即時代表著快速，代表著優先，即時性本身就是價值的展現。

我在 2019 年去北京時，發現有一家便利商店坐落在社區的一樓，門口豎立著一個門型展架，上面寫著 24 小時營業，大家可以在網路上直接下單，幾分鐘內他們就能送貨上門，而且是免費送貨。我走進去準備挑選點東西，一轉身，居然發現這同時也是一個快遞取貨點。

我們不用出門，幾分鐘就可以買到想要的商品；24 小時營業，讓我們在真的急需某種商品時，不用等到第二天；我們上下樓時，可以順便取快遞；這時候看見貨架，可能會忍不住帶點零食回家（這就是「零售 +X」模型）。那家便利商店的老闆謙虛地說，生意還不錯。這些就是即時性帶來的商業價值。

▶ 個性化

(1) 產品個性化

一件白色印花 T 恤可以很便宜地買到，不用 100 元，但是可以訂製的白色 T 恤卻要 300 元以上；同樣的布料和款式下，訂製西裝比成品西裝更貴。

大家知道，在參加活動時，很多時候會人手一瓶礦泉水。因為同品牌的瓶子都一樣，我們很容易就忘記哪一瓶是自己喝過的水。阿爾山礦泉水品牌抓住這樣一個痛點，設計了「環保手寫瓶」，他們在原有瓶貼的基礎上，增加了類似刮刮樂的特殊油墨塗層，這樣我們就可以刮出任意一個記號。

還有我們在第 6 章「形象跨界」中提到的可以訂製姓名的飲料瓶、可以手寫祝福語的「Say Hi 瓶」等，都是透過增加產品與消費者的互動來增加產品的個性化特徵。個性化會產生記憶，記憶會產生黏性，而黏性恰恰是我們現在一直在追求的「用戶之道」。

(2) 服務個性化

之前辦公室的地下一樓有一家餐廳生意一直很好。老闆每天穿得很潮，待人非常熱情，人又爽快。慢慢地與老闆熟悉了，我發現這家店生意好的原因，除了飯菜味道外，就是老闆本人非常具有個人特質。

我們公司每次有客人來，我都會帶到這裡，因為這家店的老闆會根據對你的了解幫你配好今天的午餐，這種推薦能夠讓你放心地把用餐事宜交給他，再也不需要苦惱吃什麼的問題，而且，他會很體面地幫忙照顧好我們的客人。

這就是服務的個性化所帶來的優勢。

▶ 解釋性

什麼是解釋性呢？

就是也許產品可以是免費的，但是可能你看不懂，或者你不會玩，你要學習如何使用的話，就需要別人告訴你如何正確地理解。例如，有些專業測驗，做測驗是免費的，但是看結果是要收費的；或者結果免費送給你，但是要幫你細化地解析說明和提供解決方案，則是需要收費的。

用逆轉思維來應用解釋性也是可以的，也就是說，產品付費，但是解釋性的內容是免費的附加價值。

在透露一個小祕密之前，先問大家一個問題：如果你有很多優質的客戶，他們需要選購你的紅酒作為對他們用戶的回饋，你會怎麼做呢？

賣紅酒的公司非常多，但是我見過的認為做得非常好的是「酒司令」這一家。「酒司令」的老闆克總是一位非常大方的男士，他的紅酒生意一直都非常好，人脈和口碑也非常棒。

克總的做法是：他會幫助客戶向前多想幾步 —— 不止一步。他會主動幫客戶考慮針對本次的客群選擇什麼樣的產品比較好，客戶用什麼樣的方式送給顧客比較好，融合什麼樣的創意或活動形式，能夠讓顧客感受到客戶的與眾不同，怎樣能讓用戶願意長期和客戶合作。後面的這些想法和方案，克總都是無償贈送。

對於企劃公司而言，這種深度的企劃就是一個訂單，是需要收費的，但對於克總而言，這只是他的一項增值服務而已。他常說一句話：「賺我應該賺的錢，其他的不賺。」

就是這樣一個獨特的理念，讓他的公司一做就是 10 年，而且做得非常好。這其中，提供紅酒時的企劃和創意，就是利用「解釋性」增加了產品的額外價值。

▶ 可靠性

我曾收到過一家線上水果超市的一條群發訊息，說可以免費領取一箱水果，人們只需提前支付 35 元，一個月後，對方會將 35 元退還。結果放下手機後，我和母親還是去了一家水果超市實體店。

為什麼現在大家對「免費」二字的免疫力越來越高？為什麼大家寧可多花一些錢到正規管道購買？這就是可靠性在發揮作用。這使得一些新創品牌在拓展市場期間，即使願意免費提供一些試用名額和贈品，但無奈的是，沒有人敢來體驗，免費送的也沒人敢要。此時要怎麼辦呢？

那就提高用戶對我們的「可靠感知」，對此可以嘗試與一些具備公信力的管道、品牌跨界聯合，同時，還可以透過一些讓人們更放心的形式和必要的儀式感提升可靠性。例如，增加領取門檻、限定數量、調整話術……

想到一個故事：

有一天，一位禪師為了啟發他的門徒，就給了他一塊石頭，叫他去菜市場試著賣掉它，這塊石頭很大，很美麗。師父說：「不要賣掉它，只是試著賣掉它。注意觀察，多問一些人，然後你只要告訴我在菜市場它能賣多少錢。」在菜市場，許多人看著石頭想：「它可當作很好的小擺飾，我們的孩子可以玩，或者我們可以把它當作稱重用的秤砣。」於是他們出了價，但都只不過幾個硬幣的銅板價而已。這個門徒回來後，說：「它最多只能賣幾個硬幣。」師父說：「現在你去黃金市場，問問那裡的人。但是不要賣掉它，只問問價。」從黃金市場回來，這個門徒很高興地說：「這些人太棒了。他們樂意出到 1,000 塊錢。」

師父說：「現在你去珠寶市場那裡，低於 50 萬元不要賣掉。」門徒去了珠寶商那裡，他們竟然樂意出 5 萬元。門徒不願意賣，珠寶商們繼續抬高價格——他們出到 10 萬元。但是這個門徒說：「這個價錢我不打算賣掉它。」他們說：「我們出 20 萬元、30 萬元！」這個門徒說：「這樣的價錢我還是不能賣，我只是問問價。」他覺得非常不可思議，心想：「這些人瘋了！」但並沒有表現出來內心的活動。最後，他以 50 萬元的價格把這塊石頭賣掉了。

門徒出售石頭的過程，可以反映出借助管道可以大大提升他人對我們產品的價值認同（當然，我們還是鼓勵大家正向地使用這一法則，讓你的好產品呈現它應有的價值，絕不能打腫臉充胖子）。

▶ 獲取權

雖然從許多地方都可以免費獲得電子書，但是，我依然選擇了特定的讀書 App，而且年年儲值。這是為什麼呢？

因為我們不僅可以直接獲取很多好書解讀，還可以在線下讀書會認識很多熱愛讀書的朋友，也不用到處去搜尋免費的資源和好書。最重要的是，它使用起來很方便，每次煮飯、洗澡、化妝的時間，基本上都是我「充電」的時間，如此一來，時間獲得了雙重意義。

我們購買許多串流平臺的會員，也是為了可以便捷地獲取更多的內容。因此，我們付費購買的不是趨於免費的某個產品，而是透過付費更加簡單快捷地獲得更多內容。

▶ 實體化

免費的電子書在網路上到處都有，但就是有人鍾愛紙質書（我個人就比較喜歡看紙質書，捧在手裡的感覺是無法形容的，尤其是撕掉透明包裝膜，觸碰到書的紙張的那一刻，心裡的那個砰砰砰的感覺每次都有，就像是要開始一段新的探索之旅，或是和一個新的朋友馬上開啟對話一樣），而這個體驗感是電子書所給予不了的。但電子書能夠方便攜帶和搜尋，這就是它們之間各自的價值所在。

我們可以在許多音樂平臺免費聽歌，但還是會有許多人付費去演唱會現場觀看；我們可以在直播中看到許多演講節目、分享活動、影片課程，但還是會有不少人到現場付費觀看。實體化能夠帶給人們更多的體驗和額外價值，如在現場所感受到的氛圍、偶遇到的驚喜、收穫的人脈、與偶像的合影等，這些都是實體化魅力和價值的展現。

如果我們的服務是虛擬的，我們應該怎麼做呢？

還記得網易雲音樂和亞朵酒店的合作、王者榮耀和雪碧的合作、風靡一時的小小兵和計程車聯合推出的單車嗎？沒錯，我們可以選擇和實體相關的品牌合作，將感知型服務視覺化、體驗化，增強與用戶的實際情感連結，這樣有助於增強用戶與我們之間的信任度和好感度。

▶ 可贊助

從本質上講，熱心的用戶和愛好者希望支持創作者，無論對方是藝術家、音樂家、作家、演員，還是其他創造欣賞價值的創造者，因為這能讓愛好者們和傾慕的對象建立連繫，就像現在各種直播平臺中的送禮物功能。

但用戶只在以下幾種情況才會買單。

- ◆ 支付方式必須超級簡單。
- ◆ 支付金額必須合理。
- ◆ 可以看到支付後的收穫。
- ◆ 付出去的金錢必須讓人感到能獲益。

我們可以嘗試這樣做：在合適時，告訴粉絲（用戶）和合作夥伴，我們也需要他們的幫助，以及他們可以用何種方式來支持我們。人們是需要「被看見」並「被認可」的，這是自我價值展現的良好機會，他們是願意發自內心地支持我們的，而我們也許將會收到意想不到的驚喜。

▶ 可尋性

酒香也怕巷子深，現在的資訊量爆炸到大量的訊息都會被迅速淹沒，能夠被找到就是一件有價值的事情。這裡面有兩個問題：一是別人怎麼找到我們？二是別人如何透過我們找到他們需要的東西？

如今，誕生了很多幫助我們辨別、找到好東西的仲介平臺，例如，全球住宿 App、旅遊 App、美妝 App 等。又如，有了 Podcast 和有聲書後，媽媽不用到處去找故事，也不用自己講了，陪著孩子一起聽就好。

可尋性幫助我們找到了優質的解決方案，節省了從大量訊息中搜尋的時間，增加可尋性價值會讓我們越來越信賴、喜歡、離不開。

舉個例子。我們在全國的跨界分會中收藏了眾多的跨界人脈和資源，很多需求在一分鐘內就能收到會員提供的支持，這就是可尋性。你不用繞很大一圈、花費很多時間去找一個資源，類似的各種社群組織都是如此，它們就像是汪洋大海中的一座燈塔，這就是它們的原生價值。

想想看，我們如何具備可尋性，或者我們是否可以為他人提供可尋性服務呢？

這八種原生性價值能夠將趨於日常的活動、趨於免費的產品呈現出更高的價值，帶來更多的付費意願以及參與度。如，在前面提到的花藝活動中，每個人都可以帶走親手 DIY 的花藝作品 ——「個性化」，我們為活動增加了特別的意義 ——「解釋性」，知名品牌和我們長期以來的口碑為活動增加了「可靠性」，在參與者中招募了志願者 ——「可贊助」。

> 總結一下：這一部分主要探討了增加我們的原生價值的 8 種方法：即時性、個性化、解釋性、可靠性、獲取權、實體化、可贊助、可尋性。回到本篇開頭的那個問題：當各種活動同質化嚴重的情況下，我們要如何做才能與眾不同呢？這 8 種原生價值就是 8 種解決問題的想法。

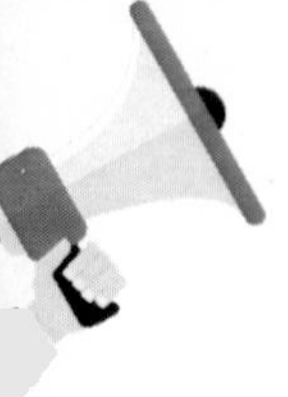

12.3 如何策劃並執行好一場完美的活動

前面，我們探討了很多思維策略層面和其背後的邏輯。那麼，從實作角度來看，一個好的企劃要怎樣實現呢？在閱讀以下內容時，你可以想像成你熟悉的活動類型，例如，一次品牌跨界聯名、一款產品的發表會、一場小型論壇、一場媒體直播……

01 PDCA 循環體系

PDCA 循環是美國管理專家休哈特博士首先提出的，它的含義是將管理分為四個階段，即計劃（Plan）、實施（Do）、檢查（Check）和處理（Act），如圖 12-2 所示。在管理活動中，要求把各項工作按照做出計畫，計畫實施，檢查實施效果，然後將成功的納入標準，不成功的留待下一循環去解決。

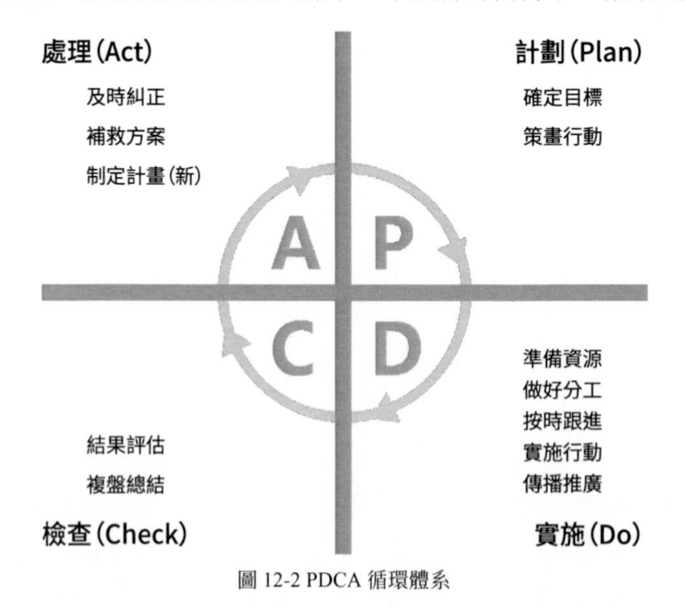

圖 12-2 PDCA 循環體系

雖然這一工作方法是管理的基本方法，但在跨界工作的管理中，也發揮著非常重要的作用。

▶ P：計劃（Plan）

計劃中包含活動目標、活動指標、活動形式、活動流程、相關人員、宣傳方案、執行方案、特殊備案、預算等基本元素。我們需要和合作夥伴洽談並確定活動內容，明確分工和資源調配（在下一章節中，我會分享一份詳細的清單圖，詳見圖 12-3 及 12 表格）。

在這個階段容易出現的情況是：

(1) 溝通不清楚

實際執行時才發現雙方理解得並不一致。

(2) 體系不完整

只關注在活動中的某個點，而忽視了其他方面的影響因素。例如，只關注我們怎麼結合做創意，而忽視了實際執行中該怎麼宣傳、誰負責設計、粉絲如何維護及誰來維護、售後服務如何延續，這是時間線；還有一條是角色線，即消費者如何參與、經銷商如何支持、公司如何配合、媒體如何介入、政府部門如何支持等。

(3) 漠視關聯，忽視細節

在多年前的一次工作會議上，當大家討論到活動收尾的分工時，談到了訂製的大蛋糕在結束後怎麼處理這一問題。一個新來的志工笑道：「哎呀，這個還需要討論嗎？一個蛋糕想怎麼處理都行，誰想吃就帶走嘛。」我聽完很生氣。無數的經驗告訴我，活動在收尾時是最容易出錯的，如果安排不好，連電腦都有可能被丟掉。

特意訂製的蛋糕，如果在嘉賓晚宴仍有需要，就需要有專人看管並在晚宴開始前放到餐桌上；如果作為志工的口福，那就需要有專人召集志工，是否要考慮怎麼吃才最好；如果沒有安排，結果很有可能變成上千元的蛋糕被浪費掉。

在計劃階段，我們需要調集的是文案能力、企劃能力、焦點呈現能力、全局能力、邏輯思維能力、人脈資源。

▶ D：實施（Do）

在實施階段，按照時間線和任務線來交織安排。完整的一套活動流程包含活動開始前、活動進行中、活動結束後的具體任務安排。

在活動開始前，我們需要與合作夥伴完善企劃細節，籌備各自的資源，做好分工，按時跟進。在這個階段，需要我們具備統籌規劃力、溝通力、細節掌控力、行動力等。

在活動進行中，需要我們保持高度的警惕，隨時關注活動的進展並有效處理突發情況，必要時啟動備選方案，以確保活動順利完成。同時，要做好相關資料的收集，這些資料根據活動性質的不同，不限於圖片、數據、訊息反饋、洞察到的細節等。在這個階段，需要我們具備執行力、應變力、危機處理能力、數據收集能力等。

在活動結束後，要及時地進行現場收尾工作（例如撤場、工作人員慰問、數據整合、物資回收等），以及二次傳播和推廣的工作。在這個階段，需要我們具備文案能力、公關能力、情商、體力等。

▶ C：檢查（Check）

檢查會發生在活動開始前、活動進行中和活動結束後這三個階段。

在活動開始前，我們需要不斷地檢查並確認活動的進度，籌備內容是否與計畫相符，如果有任何問題，需要及時補救。

在活動進行中，需要在不同的環節開始前，及時檢查並為下一環節做好充足的準備。

在活動結束後，我們需要做一個整體的檢討，回顧本次活動的亮點和不足，評估活動效果、數據表現，是否完成了預期目標。建議將這些珍貴的資料留檔、紀錄。這些資料將成為我們的經典案例，也將成為下一次活動的參考，能幫助我們吸取優點並規避不足。

▶ A：處理（Act）

根據上一步檢查的結果，採取相應的措施，對於優秀經驗，可以納入未來的參考或者成為標準；對於出現的問題，確定當下的解決方案，或者調整目標，並明確下一次該如何才能做得更好。

PDCA 循環體系其實包含在每一個活動中的小版塊中，也就是說，大循環中包含著無數小循環。

「有了 PDCA 體系，我們就可以更加完整、順利地完成活動，但是，該如何讓活動更加有吸引力呢？」

我們可以這樣來做：

- ◆ 可以參考本書前面提供的大量優秀的跨界合作案例進行創新。
- ◆ 可以借助以下兩種方法（不限於這兩種方法）—— 一是拉扎羅關鍵趣味，二是多變的酬賞。

02 策劃的祕密 —— 如何讓你的活動更具吸引力

▶ 拉扎羅關鍵趣味

我們都知道，好玩的遊戲總是讓人上癮，玩得停不下來。那麼，遊戲設計的背後是否有什麼訣竅呢？現在，我們就用「跨界思維」轉換我們的思維視角。請把你的活動當作一場遊戲，用遊戲的思維來設計你的活動。

遊戲心理分析師 Nicole Lazzaro 提出了以下 4 種關鍵趣味。通常，一個優秀的遊戲會具備以下一種或幾種趣味。

(1) 簡單趣味

玩家對這種新的體驗感到好奇，他被帶入這種體驗中，並開始上癮，正如捏破包裝泡泡紙上的氣泡，這些事情本身就很有趣。簡單、參與門檻低，是首先吸引人們願意嘗試的原因之一。

思考：人們容易參與到你的活動當中嗎？

(2) 困難趣味

遊戲設計了一個目標，並將其分解成一個個可以達成的步驟，目標達成過程中的種種障礙帶給玩家挑戰，挫折能夠增加玩家的專注力，並且他們最終獲得成功時，會讓他們體驗到勝利的感覺以及成就感。

就像「Candy Crush」這個遊戲一樣，我母親剛入手時覺得非常簡單，但是關卡越高越難通關，由此滋生了母親的闖關樂趣。每次被卡在某個關卡時，她就會求助我和小侄子，有時甚至會連續兩天都困在某個關卡。但一旦過關，就會看到母親臉上勝利的表情，開心得不得了：「哎呀，終於過去了，不容易不容易，哈哈……」然後她會繼續闖關。

思考：在你的活動有帶給大家突破某種局限後的成就感嗎？

(3) 他人趣味

他人趣味展現在群體中，當朋友也在和你一起玩時，勝利的感覺會更加強烈。遊戲內的社交互動包含著競爭、合作、照顧他人和溝通等他人趣味機制，會帶給玩家社會性的情緒。通常情況下，他人趣味能帶來的情緒感受比其他 3 種加起來還要多。

類似「王者榮耀」、「英雄聯盟」之類的社交遊戲，其非常吸引人的一點就是社交屬性，玩家可以自由組隊，與隊友隔空喊話。

另一種他人趣味指的是排名和對比。記得曾經有一個「打飛機」的遊戲風靡一時。有一次剛吃完午飯，一位同事就拿起手機玩起了這款遊戲，他剛準備放下手機時，看到遊戲排名中他已經被其他人超越，於是自言自語了一句:「不行，怎麼能被你超過？」於是，他立刻重新拿起手機刷新自己的排名。

思考：你的活動是否帶有社交屬性？是否提供了他人趣味？

(4) 嚴肅趣味

這一種趣味通常與遊戲帶來的改變和意義有關。例如，玩一款暴揍老闆的遊戲來發洩對老闆的不滿，打一打太極拳達到鍛鍊身體和打發時間的效果，玩一玩網路遊戲找到自己在另一個世界的存在感，家長讓孩子玩益智類遊戲來開發智力……在這種情況下，遊戲對於我們來說意味著價值觀的表達、願望的滿足。

思考：你的活動是否讓粉絲體會到了某種獨特的意義和價值？

通常，玩家對這 4 種趣味元素的追求是交替進行的。一般來說，比較暢銷的遊戲通常能同時滿足 4 種元素中的至少 3 種。簡單趣味通常是引發人們好奇心、探索欲以及驚喜的誘餌，促使人們去嘗試。當新奇的感覺逐漸消失，困難趣味就提供給玩家一個清晰的目標，玩家運用策略戰勝挫折之後獲得極大的滿足，由此「驕傲」之情溢於言表。

如果與朋友一同經歷勝利，通常會讓人們感覺更好。在同一空間和時間多人體驗同一款遊戲時，會引入更多情緒體驗。華特 · 迪士尼（Walt Disney）認為，與人共享的體驗是更具有吸引力的體驗。當前面幾種的趣味感覺逐漸變淡，嚴肅趣味作為一種更具持久性的元素，可以為玩家創造更多價值和意義，讓玩家感受到自身和所處世界的改變。

借用拉扎羅關鍵趣味法則，我們來拆解一下那場花藝沙龍。該活動形式雖然簡單，但卻包含了以上 4 種趣味元素。首先，插花是一件動手就能完成的事情，還有老師現場指導，這就是簡單趣味；其次，雖然有人在群組裡說怕自己做不好，但他們願意接受一次挑戰，作為送給戀人或者自己的一份驚喜，對他們而言這就是困難趣味；此外，我在群組內特意設置的一些規則和引發的互動，讓大家感受到了兄弟姐妹一般的開心、溫暖、互相照顧的氛圍，這是他人趣味；參與花藝沙龍背後的意義，是讓我們的生活多一種可能，更加自在美好，活動的意義引發了大家的討論，引起了大家的重視和珍惜，讓他們對後續活動產生了更大的興趣和追求，這就是嚴肅趣味。

這 4 種趣味法則，不僅可以嘗試融進活動設計中，也可以嘗試融進產品創意（廣告創意）中。

有一個朋友的孩子剛滿月，我送了她一個智慧音響。就是因為我看了智慧音響的示範影片。影片中，音響可以人機對話、唱歌、回答問題，提醒你今日行程、查天氣和交通路況，可以語音遙控各種家電，還可以遠端通話，一家人的互動全都有了……說句話就能實現這麼多功能，這就是簡單趣味；一鍵呼叫和父母、孩子對話，這就是他人趣味；和家人常常溝通、互相關心的價值意義，這就是嚴肅趣味。

思考：想想看，我們還可以運用哪些關鍵趣味？要如何來設計呢？

▶ 多變的酬賞

在第三部分，我們理解了多變的酬賞，透過獲得酬賞時的「不確定性」能夠激發人們更多的渴望，並大大增加行為的重複。而這背後的生理原因則是因為多變性促使大腦中的依核更加活躍，並且增加了多巴胺的含量。我們知道多巴胺能夠帶來興奮感和愉悅感，帶來對獎賞的渴望和幻想，能夠引導我們下一步的行動。

在許多具備吸引力的產品和服務中，都能夠發現這一原理的運用。如一直滑臉書、逛街時衝進掛有打折牌子的品牌店、忍不住地看手機等。在《上癮》中，作者將多變的酬賞歸納為三種表現形式：社交酬賞、獵物酬賞、自我酬賞。接下來可以思考一下，我們可以為用戶提供哪一種或者哪幾種酬賞呢？

(1) 社交酬賞

我們為什麼喜歡發動態和貼文？為什麼發布之後會去留意按讚的數量和留言？因為它為我們帶來了社交酬賞。社交酬賞源自於我們和他人之間的互動關係。同理，討論共同話題、參加沙龍活動，也都是在尋找一種社交連結感——透過分享、表達，尋找融入某個群體的感覺，讓自己覺得被接納、被認同、被重視、被喜愛。因此，如果我們能夠讓用戶感受到社交酬賞，那麼，將會大大提升吸引力。

舉個例子。有一些社群，比如市場部的各地分會、讀書會、俱樂部、明星的粉絲後援會，他們為成員提供了非常強大的社交價值，成員可以結識有能量的人，可以彼此陪伴一路成長。這種驚喜的體驗，不僅帶來了社交連結，更帶來了有愛的環境，提升了人們的自信。

(2) 獵物酬賞

在遠古時期，人們依賴「耐力型捕獵」的方法捕殺獵物，直到獵物體力耗盡。

現在，對人們而言，驅使人們不停追逐的已經不僅是食物，還有其他一些東西。例如，忍不住要剁手的購物慾、追劇時對後面劇情的好奇和期待、遊戲中的金幣、對社交平臺上有趣資訊的好奇、對各類知識的探索……

想想看，或許我們書架上還有許多書根本沒拆封，但是聽到有好書還是忍不住下單；家裡的茶葉、茶具一大堆，還是忍不住增加這類藏品；去超商原本沒有想買什麼，看見打折產品還是囤了一堆……

人們總是會不自覺地追逐某一份執著，這種獵物酬賞機制會促使人們不斷地重複某種動作。

(3) 自我酬賞

我非常喜歡布置和整理房間，雖然過程很瑣碎很辛苦，但卻樂在其中。小侄子特別喜歡玩樂高和拼圖遊戲，雖然尋找零件的過程很費時，但是克服層層障礙最終大功告成，每次都讓他很有滿足感。

這種「追逐終結感」的過程，是促使人們持續某種行為的主要因素。但是，我們堅持不懈的行動，僅僅只是為了追逐「終結感」嗎？有沒有別的影響因素？為什麼即便是要去克服障礙、排除困難，我們也要去做這件事呢？這個背後的行為動機又是什麼？

愛德華．德西（Edward Deci）和理查．瑞安（Richard Ryan）在 1980 年代提出了「自我決定理論」，強調自我在動機過程中的能動作用。他們認為，驅力、內在需要和情緒是自我決定行為的動機來源。他們將動機分為內部動機、外部動機和去動機。內部動機和外部動機相互作用，而人類對自我的酬賞源自「內部動機」。

內部動機的種類包括 3 種，第一種是對於活動本身的興趣，第二種是完成活動的樂趣，第 3 種是任務對人的能力的挑戰。因此，我們在設計活動時，可以從這 3 個方面來檢驗我們的活動是否能夠激發參與者的內部動機。

那麼，這些內部動機又是如何產生的呢？美國認知心理學家布魯納（Bruner）認為，內部動機的產生是由以下 3 種內驅力引起的。

- **好奇的內驅力**：相對短暫的好奇心和相對穩定的求知慾。
- **好勝的內驅力**：力求在群體中顯示自己才能或力求達到某種理想狀態的動力。
- **互惠的內驅力**：希望幫助他人，與他人協同活動、減少衝突，以更有效地完成任務的願望及需求。

比如說，人們會去搶購 KFC 炸雞口味的防晒霜，會去搶購洽洽的「瓜子臉」面膜，就是基於好奇心的內驅力，滿足自己的好奇心和嘗鮮的慾望；人們喜歡晒自拍、景點拍、美食拍，晒網紅打卡地，就是希望能夠展示自己美好生活的內在動機，這就是好勝的內驅力；在某個群體內部的愛心籌款往往能籌款成功，正是因為人們都有幫助或者滿足他人的願望，即便是有些人一開始沒有支持，但看到別的朋友都支持了，自己不支持有點不好意思，在求同心理的驅使下也會選擇行動，期望在未來能夠互相幫助，免去被誤解和失去連結的風險，這就是互惠的內驅力。

總結一下：除了「終結感」外，對自我內在動機的滿足，也是自我酬賞的一部分。在多變的酬賞中，自我酬賞展現了人們對於個體愉悅感的渴望。

我們在消費者購物動機中分析了消費者的 10 種動機；從內在力量的角度，分析了人們渴望和恐懼的兩種心理因素；從對酬賞的追求角度，我們再次發現了人們的 3 種酬賞類型（社交酬賞、獵物酬賞、自我酬賞），以及在自我決定理論中，發現了激發內部動機的 3 種驅動力（好奇、好勝、互惠）。

這些都是以人為核心、以用戶為根本的出發點。

在實際產品設計和活動企劃的過程中，我們可以結合本章提供的 PDCA 循環體系，融合拉扎羅關鍵趣味、多變的酬賞、8 種原生性價值來提升產品吸引力。首先了解用戶／顧客，滿足他們的需求，並透過有效的方式影響他們的內在反應，激發他們的動機，最終觸發其參與行為，這將是非常有效的一條路徑。

03　執行的祕密 —— 如何做好整體統籌

每次在社交平臺上發活動照片時，總會收到很多按贊和留言，於是，經常有人向我諮詢該怎麼做活動才更好。要解決這一問題，一是依賴於活動本身的企劃創意，這個大家參考本書前半部分即可；二是依賴於活動的具體計畫和執行細節，對此可參考 PDCA 循環體系。

現在，我們以一場跨界合作為例，來詳細拆解執行的祕密，你可以根據實際情況簡化或延伸。

▶ 活動的整體框架

通常，我們需要根據活動需求和目的來設計活動的主要內容和亮點創意，並形成一套初步的活動方案及流程。在此基礎上，設計具體的執行細節及執行任務清單（時間表），並根據具體的任務完成相對應的設備、資料、人員、資金的籌備。

在整個活動中，我們基本上會涉及如圖 12-3 所示的組織結構。

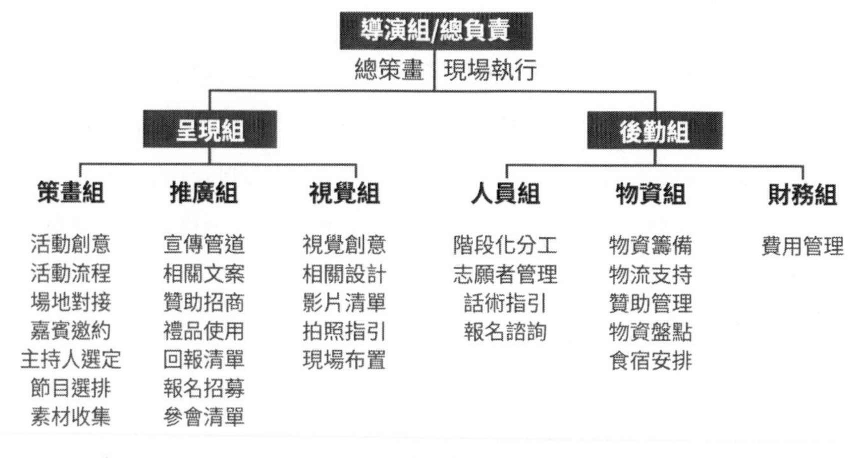

圖 12-3 活動整體組織結構

- **總負責組**：總負責整場活動，可以是 2 ～ 3 人（其中必須有 1 人為總負責，並安排總策劃和現場總執行作為支持）。
- **企劃組**：主要負責整體活動創意，活動流程的細化，場地溝通、嘉賓、主持人、節目、座位安排等相關細節的設計。企劃組的主要職責是完成「整體活動從最初創意直至完整執行」的整體企劃和安排。
- **行銷組**：也可以叫做宣傳組。主要負責活動的宣傳（包含洽談宣傳管道，撰寫宣傳文案、報名文案、招商文案等）、贊助的招商、贊助得到的禮品的使用方案、對贊助商回報的呈現等。行銷組的主要職責是使活動被更多的人知曉，並按計畫招募到贊助方和與會人員。
- **視覺組**：主要負責活動整體主視覺的創意，以及宣傳素材、現場視覺呈現的設計、影片的製作、活動現場攝影的安排等。視覺組的主要職責是將活動的精彩分別在活動前、活動中、活動後呈現出來。
- **人員組**：主要負責活動的階段化分工、志工招募及培訓、報名諮詢、現場搭建和執行、各部門人員通知及入場簽到，同時現場機動小組將會配合執行負責人解決現場突發事件，服從臨時調配。人員組的主要職責是確保現場各部門人員井然有序地按計畫執行工作。

- **物資組**：主要負責所有物資的籌備、物流的支持、贊助的禮品管理（到貨入庫、整理、分發等）、物資盤點、工作人員及嘉賓食宿安排等。物資組的主要職責是做好活動的後勤保障工作。
- **財務組**：主要負責活動的預算及開支管理，確保活動的盈收及帳目清晰。

對於跨界活動而言，每一個部門都有可能涉及跨企業、跨品牌的溝通，由此將會帶來更多的跨部門的溝通和協作。

舉個例子。行銷組負責洽談成功的某品牌贊助，會涉及企劃組在活動中對贊助單位如何巧妙地呈現，涉及提前與主持人溝通贊助方的相關情況，便於更加順暢地置入；涉及在全套宣傳體系中如何展現贊助方的相關資訊；涉及視覺組對相關元素的色彩和設計的調整；涉及物資組在準備物資和現場布置時的整體安排；涉及人員組對志工的培訓內容；涉及贊助方的發言和相關展示素材的審核和收集；涉及贊助單位的資金和實物的使用。

這幾個工作組的工作，誠如大家所見，非常清晰易懂，但是要完成得很好，還需要在實踐中打磨和領會。這背後有著錯綜複雜的關係，以及極其容易被大家忽視的灰色地帶。這裡，我為大家整理了一個工具包 —— 十二表格，來幫助你盡可能地管理好活動細節。

▶ 十二表格

以下這 12 張表能夠協助你的團隊更好地管理好整場活動。

(1)《工作組架構》

該表主要用於記錄各工作小組的相關人員名單、主要職責、聯絡方式等工作資訊，需要內部工作人員人手一份，其主要作用是責任清晰、方便聯絡。

(2)《時間甘特圖》

該圖在工作中也被大家口頭稱為「時間表」，透過條狀圖來顯示具體的項目和時間安排、進展等資訊，便於整體跨界活動的統籌，一般在使用時，可以根據具體的活動做一些調整變化。

(3)《活動流程及分工表》

該表主要用於活動現場的各相關責任部門的統籌及配合，包含以時間為軸線的各個流程的次序，以及該流程對應的具體內容、責任人、現場聲音、光線、大螢幕、道具、參與人員等的配合。這張表統籌了現場所有人、事、物之間的協調及配合關係。

(4)《與會人員清單》

該清單主要用於記錄重要嘉賓、主持人、與會人員等的具體資訊，包含姓名、性別、聯絡方式、座位安排、特別備註等，便於現場簽到人員、禮儀服務人員進行相對應的一系列服務。

(5)《宣傳管道及安排》

該表主要為了安排活動的前期、中期、後期的宣傳事宜，根據活動要求，安排宣傳管道及相對應的宣傳排期、宣傳形式、宣傳內容等，並記錄宣傳管道的相關具體資訊、預估效果等，由宣傳組人員進行跟進落實。

(6)《贊助清單》

該表主要為了記錄活動中的贊助內容，主要分為以下三大類。

①贊助方資料：主要包含贊助方品牌、贊助方窗口及聯絡方式、贊助方LOGO、產品圖、影片、嘉賓訊息等相關資訊的收集進度，以及相對應的回報支持。

②贊助產品資訊：主要包含贊助產品（或者服務）的名稱、數量、價值，禮品到貨時間，禮品到貨方式（贊助方郵寄、指定人員開場前帶到現

場、工作組去取等），以及負責禮品運送的具體聯絡人。

③禮品使用資料：禮品使用環節（方式）和對應的使用數量（如現場抽獎、伴手禮、社群互動、嘉賓 VIP 禮物、志工答謝禮等）。

(7)《禮品使用清單》

該表主要記錄禮品的具體使用進度，方便商品管理，主要包含禮品的預計使用安排和實際使用紀錄。

(8)《物品清單》

該表主要為了統籌整場活動所需的物品概況，主要包含物品內容、數量、規格、負責人、提供方、費用預算、具體要求、進展情況等。

(9)《設計清單》

該表主要為了記錄整場活動所需要的各種海報、大螢幕、現場物資等的設計內容，方便設計人員參考並妥善安排設計進度。其主要包含設計尺寸、顏色要求、完成日期、製作日期、畫面內容、計畫達到的效果、負責人等內容。

(10)《回報清單》

該表是許多人容易忽略的一個表，主要用於檢查對贊助方、整場活動中的支持者、志工等有幫助的人的一個回報紀錄。其主要包含回報對象、回報內容、具體資料等。其中最容易遺漏的是對個人的回報內容。通常來講，我們會記得對贊助商的回報細則，而忽視了在整個活動前期、中期、後期的個人支持者。我們前面提到過「喝水不忘挖井人，更不要忘記給你鐵鍬的人」。一定要記得對那些支持到你的關鍵人物給予相應的致謝，無論是一通電話、一段文字、一份禮物，還是現場的一個特別席位，只要能代表你心意的都可以。

(11)《費用預算》

在活動中，看不見的細小費用非常多，因此，提前做好費用預算，並實時地掌控費用開支情況尤為重要。其中，有一個很重要的細節就是，選擇購買相關物品的人員一定要選對，否則就會出現不必要的烏龍事件。

曾經有一次，我們舉辦論壇時遇到下大雪，導致我們的糕點合作夥伴在活動前一天出發採買材料時，汽車打滑，自己被甩出去鑽到了車底，幸好沒有生命危險，但是她被嚇壞了，致使第二天無法如期到場。我們緊急調整方案，趕忙調出人手自己去採買水果和糕點。

物資組組長派出一位熱心的志工去採購，結果這位志工到一家進口水果店買了大量的瓜子、零食、昂貴的水果費用不僅遠超出預算，而且那些瓜子、零食在那樣的現場根本用不到。瓜子類型的零食只適合於小型的沙龍和分享會，在這種論壇上，臺上遠道而來的嘉賓忙著分享，臺下的人們卻在嗑著瓜子，大家將做何感想？但是，由於對方熱心地花了錢，身為工作組仍然必須報銷並感謝對方在下雪天辛苦採購。

我們有一位物資組的成員，在採購時就相當讓人放心，她是一位母親，也是居家管理的一把好手，每次交給她採購物資時，她都能準確地找到既節省成本，效果又好的方式。

因此，在安排工作時一定要選對人，並清晰地溝通費用預算、採買的具體要求和使用場景，否則，辛苦和熱心帶來的未必是你期待的結果。

(12)《現場布置圖》

該表包含座位圖、工作人員定點、各區域布置圖，主要用於現場的整體布置及安排，其中包含舞臺區、座位區、裝飾區、拍照區、紅毯區、簽到區、贊助商展示區等。

你可以在該圖上標示每一位工作人員的定點站位。例如，攝影師的代號是 P，那麼 P1 ～ P6 在不同環節的定點及對應的具體人員、具體工作職責就非常清晰、一目瞭然；志工的代號按工作類型可以分為 B、C、D，B 級別代表志工各組的組長，C 級別代表擁有具體職位的志願者，例如簽到處 C1 ～ C3、紅毯區 C4 ～ C6、入口 C7 ～ C8、茶水區 C9 ～ C10 等，D 級別代表機動人員，其人員分別安排在不同區域進行機動支持。

此外，每名工作人員當天在什麼時段出現在什麼區域，負責什麼具體的事情，如果出現突發情況分別找誰處理，這些事宜都需要提前安排好。座位圖方便工作人員及到場的來賓清楚知道自己的座位資訊，工作人員定點圖方便工作人員清楚自己的工作範圍，並在需要找尋團隊成員時知道如何找到對方，現場布置圖方便現場執行導演和物資組了解物資的擺放、贊助單位的展示臺位置等。

▶ 八大平衡關係

任何一場大活動所包含的都不僅僅只是企劃和執行，這其中還包含著我們需要平衡的八大關係，具體包含跨界對象、媒體朋友、消費者／粉絲、商家／經銷商、政府部門、自己團隊、公司總部、供應商／支持方，如圖 12-4 所示。

圖 12-4 八大平衡關係

然而，並非所有類型的活動都會同時包含這些，我們需要根據活動的具體類型做出調整。例如，有些活動需要呈報到全國性總部，那麼我們就需要顧及公司總部對活動的需求，以及他們的關注點、利益點在哪裡；有些活動涉及外部執行團隊、製作方等，那麼就需要顧及對方的實力、執行能力、圈內口碑等；有些公司在各地有經銷商，需要依靠經銷商來完成活動，那麼就需要顧及經銷商的執行現狀，考慮他們的需求、執行條件、執行中可能出現的問題等。

請記住一句話：「關注到人，才有可能最大限度地減少危機。」

請一定要注意關注在活動中的各種關係，並真切地要求你的團隊成員如實地反饋工作的進展，以及他們捕捉到的風險氣息。畢竟，有些事情涉及很多人，而我們無法完全掌控他人的執行能力及資訊，但是我們可以用敏銳的嗅覺聞到風險的味道。這種味道來自於我們對執行人的行為、言語、神態、口碑的判斷，來自於經驗和現實交織後的推斷。

04 傳播推廣規則

在過往的職業經歷中，我發現有大量的企業活動在後期傳播行銷時無法發揮應有的效果。

- 很棒的活動現場，但是傳播出去後令人感受不到現場的感染力。
- 參與者心潮澎湃想要分享活動，可惜沒有可用的素材。
- 參與者拿到可以分享的素材時，心早已涼了一大截。
- 網路報導是在某個網站的深處，或者一個娛樂性質的活動卻出現在了健康版面……

「那一個有效的傳播推廣，究竟該如何做呢？」

我認為有以下 5 個規則。

▶ 目標清晰

我們的傳播目的是什麼？想清楚了，才能更好地設計傳播的內容，選擇合適的傳播管道，並設定傳播的範圍和時間。

舉個例子。如果我們想透過報導讓大家感受到我們品牌的溫度，那麼，可以選擇在活動中能夠展現出來品牌溫度的細節 —— 文字、照片、現場發生的有代表性的故事等內容呈現給大家；如果我們想讓大家感受到品牌的創新力，那麼，所編寫的文字、選擇的照片、現場的反饋，則全部需要圍繞著創新兩字來安排，如抓拍那些好奇的表情和動作，統計那些基於好奇心而出現的體驗人次、消費人次等各種數據；如果我們想讓大家了解我們下一步的動作，那麼，可以選擇用官方的語氣或者詼諧幽默的語氣來分享下一步的規劃，並適時地添加一些圖片說明。

總之，沒有任何的傳播文案是固定格式的，那些千篇一律的報導有時並無法引起更多的關注，而真正有內容、有觀點、有亮點的文章，才會真正吸引到大家的注意力。

▶ 管道適合

不同的品牌類型、產品類型、行業類型、用戶類型，所對應的發稿管道也有所不同。我們要綜合考慮自身的特點、目標受眾的特點、管道的特點、活動發展的階段。

舉個例子。從行業類型來看，冷凍食品的活動就不適合發布在時尚週刊上，除非這些冷凍食品開始走時尚路線，或者與某位時尚明星有關。

從活動發展階段來看，在活動開始前，宣傳的目的可能是提升活動曝光、活動的報名率、對合作夥伴的聯合推廣等，而在活動進行中，是為了追蹤報導活動中的亮點，進一步提升活動的熱度，在活動結束後則是為了延長活動的餘溫，帶動更多人對下一次活動的期待。

那麼，活動的傳播推廣管道是不是越多越好呢？答案是 —— 未必。在你的資金和資源有限的情況下，「適合」遠比「更多」要好。

舉個例子。如果你的前期宣傳是為了招募到更多的參與者，那麼直接選擇適合的社群組織來合作招募，比大範圍無重點地撒網效率要高許多，成本也更低。而對於有些活動而言，僅透過動態貼文分享就可以達到比網站更好的招募效果。我發現真正能夠帶來社交吸引力的，是參與者的自發宣傳，他們的朋友會在他們的貼文下留言：「下次帶我一起去啊！」「這個活動看起來好有趣，怎麼參加？」

可見，老帶新的影響力比單純的網路宣傳更實際，而網路宣傳是一個很好的背書，能夠被搜尋到，有助於提升活動公信力。因此，該如何選擇宣傳管道，可以根據實際需要來確定。

▶ 時效保質

人們對活動的好奇心是有時限的，過了某個時限，熱情會大幅下降。活動的傳播素材最好能在活動進行中就對外輸出，最晚不要超過隔天。我有以下幾項建議。

- ◆ 活動進行中就安排專人整理並輸出高清照片（當然，你可以在右下角添加上一個小小的品牌水印，以不影響整體照片的美觀為原則）。
- ◆ 當日活動結束後的 24 小時內，就立刻完成文案和 10 秒小影片的對外輸出，分享量會大量提升。
- ◆ 活動結束後的 48 小時內，在大家依然沉浸在活動的美好回憶當中時，可以繼續在社群內互動，延長餘溫，並透過有趣的內容帶動大家更多的互動和傳播。

想想我們自己的感受，在參與活動時總會忍不住拍幾張照片，而如果能夠拿到主辦方拍攝的高清的優秀的照片，我們會更樂意分享專業攝影師為我們抓拍的現場照片不是嗎？多次的親身經驗是，大家總會著急要當天的照片。起初因為人力達不到，我們給照片時往往是過了一兩天，這時大家對照片的分享熱情會大大下降，那麼照片的功能就僅僅變成了參與者的「收藏」，而無法發揮其「吸引人」的傳播效果。

為了避免攝影師的時間無法配合，我自學了 Light Room 軟體作為備用，一旦攝影師那邊出圖速度跟不上，我會親自選照片、調色、加水印、輸出。對於創業者來講，對於想要進步的職場人來講，沒有一件事情是你有權利說

「我學不會」的。別人能學會的，你也可以。當活動出現危機時，也許任何人都可以選擇撤退，但唯獨你不能 —— 因為你是負責人。

有的人會說，當天就出活動報導，時間會不會來不及？我的答案是：不會。

我們可以根據發布的管道提前擬定好文章風格，網站發文通常是比較官方的口吻，自媒體的發文通常可以稍微親和、幽默、擬人化一些。我們可以提前準備好基本的文章內容，當活動即將結束時，將現場實際發生的一些事情、圖片和數據稍做添加和修改，即可迅速完成。即便是活動結束後創作新的文案，6 小時也足夠了。因此，在 24 小時內完成當天的報導是完全來得及的。

▶ 風格差異

正如前文所說，選擇不同的媒體形式做傳播行銷時，文案和圖片的風格也應有所不同。

- ◆ 官方文稿。相對而言，需要正式一些，口吻嚴肅、措辭嚴謹、數據真實有效。具體的大家可以參考報紙等官方媒體的新聞稿。
- ◆ 自媒體文稿。你可以根據自媒體管道的本身屬性，以及你對這篇文章的定位，來選擇深情、感動、調皮、幽默、懸疑等各種風格。
- ◆ 動態貼文文字。你可以根據希望傳播的內容，擬定幾種不同的社群動態內容文字，方便參與者進行分享，當然，你也可以和大家玩互動遊戲，統一一個格式，讓大家自行填空。例如，「如果跨界是一個魔盒，那麼，打開後我希望 ____________。」

▶ 視覺呈現

在傳播行銷過程中，讓大家留下印象最深刻的就是視覺的呈現，無論是文字、圖片，抑或是影片。因此，在傳播的過程中，要盡可能地符合品牌主視覺。

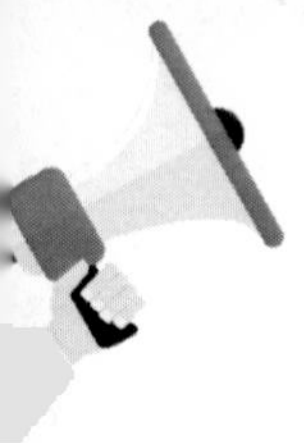

舉個例子。如果我們的品牌主色調是黃色，期待給人溫暖的感覺，那麼——從照片選擇、語言風格、影片配樂，都要與之相呼應。我們可以選擇有一縷陽光照射在某位參與者身上的照片，也可以選擇大家抓拍到的參與者充滿溫暖的一個眼神，還可以選擇那些充滿希望的互動畫面。

文案的風格要盡可能的溫暖和發自真心，音樂可以選擇令人心馳神往的、舒緩的音樂，文案的配色也應是暖色系，要盡可能地選擇簡潔、舒適的字體，字號不要過大，對於自媒體文案而言，14 號通常是比較舒適的字號大小，黑色也儘量不要選擇純黑，可以選擇降低 1 ～ 2 個灰度的黑色。

而如果品牌主色調是冷峻的藍色，想給人專業感，那麼詼諧的文章風格顯然是不適合的，而專業、嚴謹、有條理的措辭和專業的數據分析圖，加上彰顯專業和氣場的場景照片，例如包含嘉賓分享手勢的專業照片、僅有一束聚光燈的舞臺照、人氣滿滿的震撼場景照，都將會更加突出品牌調性和內涵。

05　4P2C 拍照原則

實驗心理學家赤瑞特拉做過兩個著名的心理實驗，一個是關於人類獲取訊息的來源，另一個是關於知識保持（即記憶持久性）的實驗。他透過大量的實驗證實，人類獲取的訊息 83% 來自視覺，11% 來自聽覺。而關於記憶的持久性，他發現，人們一般能記住自己閱讀內容的 10%，自己聽到內容的 20%，自己看到內容的 30%，在交流過程中自己所說內容的 70%。

也就是說，視覺對訊息的獲取影響非常大，占了 83%，而視覺和溝通對訊息的記憶持久度影響也較大，分別占了 30% 和 70%。因此，如果你希望活動或者品牌影響到更多的人，那麼「可視化 + 互動分享」是極其有效的促進方式。

在實際工作中，我遇到的大量非常優秀的活動，都是由於照片選取不當或處理不當，而導致在行銷時反而對活動和品牌減分。因此，經過大量的實踐和總結，我得出了一個 4P2C 拍照原則，按照這個原則來記錄你的活動，處理你的視覺素材，你將會有不可思議的收穫，如圖 12-5 所示。

如何策劃一場活動
4P2C拍照原則

Purpose ❶ 拍照用途很重要
Plan ❷ 提前規劃要牢記
Composition ❸ 拍照重在巧構圖
Capture ❹ 善察敏捉細節好
Promptly ❺ 公布照片要及時
Photoshop ❻ 精心修圖不可少

圖 12-5 4P2C 拍照原則

▶ P（Purpose）：拍照用途很重要

首先，我們需要清楚拍照的用途，因為用途決定了我們需要怎樣構圖，畫面中需要出現什麼元素、什麼場景、什麼人物，整張照片需要呈現什麼樣的光感、色調、感覺。

這些聽起來似乎很簡單。沒錯，真的很簡單。然而，不得不承認，許多人對活動的紀錄僅僅只是拿起相機或者手機拍下來而已。

檢查一下我們或者朋友發出來的活動照片有沒有以下幾種情況。

◆ LOGO 為什麼只顯示一半？
◆ 合影中有人轉頭、有人說話、有人閉眼、有人正在摸鼻子，這居然是官方發布的照片？
◆ 文字極力想表示活動效果很好，可是為什麼參會者大多數都是低著頭（玩手機）？
◆ 文字極力誇讚活動的高級感，為什麼照片中呈現出來的現場讓人感覺很 LOW ？
◆ 想展示活動有內涵，為什麼只看到了幾個男士和女士在嗑瓜子？
◆ 想展示活動氛圍非常好，為什麼照片中只看到大家眉頭緊鎖的樣子？……

這一切如果作為日常拍照紀錄是沒有問題的，但如果作為對外輸出，透過照片傳遞感染力，傳遞品牌特性，那麼請務必留意照片的傳達效果。請提前和你的團隊討論溝通，明確拍照的目的，以及期待達到的效果。

▶ P（Plan）：提前規劃要記牢

根據你的拍照目的來具體規劃拍照安排，如果攝影師不固定，我們可以提供一份拍照指南給攝影師，提高溝通效率，並透過視覺參考來確保雙方認知的統一。

(1) 拍攝標準

- **期待透過照片（影片）給人的感受是怎樣的**：例如，有希望、感染力、心神嚮往，想要參與其中；搞笑的、幽默的、有活力的、積極向上的；有溫度的、有愛的、感動的；時尚的、潮流的、歐美風……
- **照片需要呈現的主題是怎樣的**：例如，照片需要主題突出時，在哪些環節、哪些場景下，需要抓取到什麼樣的照片內容？
- **LOGO 需要如何露出**：例如，主辦方的 LOGO、贊助單位的 LOGO 需要如何呈現？是要在同一張照片中有所展現，還是需要單獨呈現出來？這些要根據照片的使用場景和用途來具體規劃。有一個要求是，涉及 LOGO 突出的照片，LOGO 需要呈現完整。
- **畫面中的配角有什麼要求**：務必注意畫面中的配角元素。例如，避免畫面主角旁邊的配角在閉眼或者低頭玩手機、睡覺、摸鼻子等現象被抓拍到畫面中；要留意主題元素旁邊是否有雜物，是否會影響拍攝主題的表現，如果無法移除，可透過拍攝角度的調整來彌補。

(2) 拍攝內容

全景照片

從拍攝時間來看，可以包含來賓未到場前一切就緒的現場狀態（突出精心準備）、來賓剛到齊後的全景（此時來賓的眼神更加清澈、有精氣神，越到活動後期，來賓越會疲憊，尤其對於思考類、時間較長的活動）、活動進行中的全景照片（主要用來展示現場的整體情況，突出現場環境的高級、人員爆滿、氣氛熱烈等主題）。

從拍攝角度來看，可以根據需要，安排從舞臺一側拍攝與會人員正面的全景，或者從與會人員背後拍攝舞臺正面全景，如果有高處位置，可以拍攝從上向下的俯視角度全景，如圖 12-6 所示。

圖 12-6 從不同角度拍攝的全景照片

舞臺區特寫

包含主持人講話、嘉賓分享、節目和抽獎環節等的特寫照片，主要用來記錄活動中的具體環節，抓拍重量級的主持人、嘉賓的精彩瞬間，或者與觀眾的互動畫面，也可以抓拍特別的節目等，用於後期在行銷時的情景再現，以及對人物、環節等亮點的突出。

對於特別邀請到的嘉賓，一定要請攝影師特別注意，並將精修好的照片在活動結束後單獨發給嘉賓。相信我，你的嘉賓會感受到你貼心的溫暖。

觀眾特寫

主要包含在活動開始前、活動過程中捕捉觀眾的特寫畫面，用來展示期待傳遞的活動氛圍。例如，專注書寫的畫面、熱情洋溢交談的畫面、開心的笑容、聚精會神的畫面、感動落淚的畫面、吃驚的畫面、鼓掌的畫面、舉手的畫面等，具體需要應根據活動性質，以及想要透過照片表達的情感內容來安排。

環境特寫

主要包含你所希望為未到場的人們展示的現場細節。例如，現場特別準備的茶水、花束、禮物、豐富的道具、精心準備的小卡片、伴手禮……

合照設計

你可以按照想要的風格來設計你們的合照，不一定都是坐著或者站著，可以發揮你的創意。如果人數太多，可以透過增加手勢、增強氣勢的方式來增加照片的活力，如圖 12-7 和圖 12-8 所示。

圖 12-7 市場部網線下沙龍合影

圖 12-8 跨界有道實戰班部分學員合影

(3) 照片輸出

你可以按照你的需求制定照片輸出時的一些基本原則，以下內容可供參考。

- **時間**：活動結束後即輸出到群組內或者雲端等，可在活動當晚 21：00 前完成輸出，方便與會者使用。當然，具體時間和輸出途徑可以自行設定。
- **水印**：水印的位置、大小、顏色、透明度要儘量統一。我曾收到過攝影師發來的添加水印的照片，其中水印位置高低不同、大小不同、顏色不同。雖然攝影師十分辛苦地依據每張照片的色調逐一調整了水印參數，但是整體輸出時卻還是會顯得雜亂不堪。

  水印的顏色儘量要與底色有所反差，但通常為了不影響整體美觀，水印可以設定為 20% 左右的透明度，具體根據畫面的整體色調和水印顏色來定。

  水印的位置可選擇統一設定在底部中間或者右下角，如果是作為網路傳播而非影印，水印切記不可以過大，精緻小巧且不影響整張圖片的美觀即可；也可以將水印巧妙地與畫面中的窗簾、桌子等物品融合在一起，如圖 12-9 和圖 12-10 所示；水印儘量使用 PNG 格式的原圖，避免使用矩形色塊，否則將會影響整體視覺美觀。

圖 12-9 水印在窗簾上

圖 12-10 水印在背景噴繪上

◆ **照片調色**：照片的色調需要與整場活動的主色調、給人的整體感覺以及品牌調性相關。例如，較為溫暖的品牌活動，照片的色調可以呈現溫暖、陽光的感覺；如果要突出清透感，可以呈現明亮、舒適、有格調，令人心神嚮往的感覺；如果要突出復古時尚感，可以呈現復古氣息等。這些可透過調整濾鏡、照片亮度、對比度、飽和度、色調等參數來實現。

◆ **照片輸出大小**：通常來講，如果照片僅用於自媒體稿件傳播、貼文推廣等，1 ～ 2M 即可，便於保存。

◆ **照片保存**：建議添加水印時不要遮蓋原圖，一定要告訴你的攝影師，將調好色調的原圖和水印版分開保存，並發送至你的指定郵箱，便於你之後下載使用。切記，水印一旦覆蓋原圖，後期需要使用無水印的照片時，你會非常麻煩（我是經歷過這種麻煩的）。

以上就是關於照片規劃的一些細節，也是我常用的拍攝指引細則，希望能夠對你有所幫助。

▶ C（Composition）：拍照重在巧構圖

相信你一定有過這樣的感覺：面對某張照片，你會覺得如果左邊再多一些就好了，如果角度再低一些就完美了……所有造成這些遺憾的原因就是構圖的問題。

對於活動照片而言，構圖的重點在於以下兩個方面。

(1) 主題突出且表現完整

無論是攝影還是做 PPT，一切的根本是將腦中的畫面透過工具呈現出來，因此，腦中先要有畫面才行。而許多人不會拍照，甚至有些專業的攝影師也拍不出優秀的活動現場照片，因為他們心中對整體活動，以及對活動中需要呈現的細節和效果、用途不夠清楚。

我曾經合作過一個非常出色的攝影師，當我在臺上分享時，曾提到「接下來，我想聽一下大家的選擇，認同的舉 YES，不認同的舉 NO。」這個時候，無論他在做什麼，他都會在第一時間拿起相機抓拍現場的舉牌場景，很好地記錄下互動的畫面。這種專業度，不僅是拍攝的專業度，更在於他懂得這個活動的目的，以及需要他呈現出來什麼樣的場景。

還有一次，他看到我們在現場弧形擺放的座椅剛好缺了一塊，在鏡頭中顯得非常不協調，於是，他就利用休息的時間找工作人員做了微調。調整了座椅布局之後，現場照片看起來的確飽滿了許多，同時還可以拍到每一位學員。

這就是專業，以終為始，站在結果的角度看待眼下的工作並要求嚴格。這種以終為始的原則，在我們的生活中處處可以用得到。

比如，在幫同伴拍照時，可以適當地提醒她補一下口紅，或者頭髮再梳得整齊些，或者裙角可以再拉順一些，下巴再收一些，兩個人再靠近一些等細節，看似耽誤了一點時間，但是成片會讓朋友非常喜歡，而且她一定會喜歡和細心的我們同行。

反之，我遇到過有些朋友喜出望外地與嘉賓合照，結果合照的照片沒有一張能用的，但是又不好意思（或者沒有機會）再次與嘉賓合影，可想而知對方心裡的陰影面積會有多大。

在我們的活動上，每次合照的時候我都會花一點時間，根據大家的衣著款式、顏色、身高、氣質、性別等因素，來調整大家的站位，並在調整的同時，告訴大家如何拍得更有氣質，更加出色，並幫大家調整側身角度、姿勢等。雖然開拍前十分「麻煩」，但是成片往往會收穫大家的一致讚賞。和朋友一起旅行拍照也是如此，我也會提醒她很多細節，或者把我的帽子或者飾品借給她，這份奔著成片可用的責任心，總是會帶來她貼文的一片讚賞。

(2) 構圖符合攝影技巧

例如，大家熟悉的三分法（井字構圖、黃金分割）、居中構圖（對稱）、對角線（X 線構圖）、畫框、減法原則、對比構圖、平衡法則（和諧）、層次構圖（前中後景）、三角形構圖、透視、重複等攝影技巧。

具體的構圖方法，大家可以參考各種攝影網站的教學，在此不做贅述。

▶ C（Capture）：善察敏捉細節好

為什麼有的攝影師拍出來的活動照片你會拍案叫絕，總是激動地說：「天啊！居然還有這麼棒的畫面！」「天啊，大家居然這麼嗨！」「這個人好美啊！」

身為負責人，你未必會關注現場所有的細節，而這些在攝影師的鏡頭下都將為你呈現出來。一個好的攝影師一定非常善於捕捉現場的關鍵畫面，而這些有些是包含在你的攝影計畫中，有些是現場的意外驚喜。我曾經也遇到過有些我渴望記錄下來的鏡頭，卻沒有很好地捕捉下來，對此很是遺憾。因此，善於洞察並能夠敏銳地捕捉到細節，是一個優秀的攝影師必須具備的能力。

▶ P（Promptly）：公布照片要及時

和傳播行銷時的原則一樣，照片的公布要及時，最好能夠在活動剛一結束就立刻公布。現在有許多攝影機構和軟體能夠提供在拍攝的同時上傳到雲端的服務，在活動進行中，大家就可以看到更新的現場照片，非常的方便。

▶ P（Photoshop）：精心修片不可少

你一定見到過顏色黯淡無光、主題不突出、構圖不足等隨手拍的照片，你也一定見到過讓你心神嚮往，並主動留言希望朋友下次帶你一起參加的活動照片。這兩者的區別，除了前面提到的構圖、主題等細節外，還有一個很重要的地方就是修圖。

我們時常會精修自己的照片，美顏、增高、濾鏡無所不用，但對於活動照片而言，許多人卻容易忽視。照片是最能傳遞品牌調性、品牌價值觀的可視化內容之一，因此在發布之前，要儘量做到美觀，與品牌主視覺相匹配，具體可以參考前文「照片輸出」章節的具體建議。

總結一下：

在這一章中，我們分享了企劃和執行一場跨界活動的背後邏輯和實作步驟。在這裡，我要再提醒大家一句話，那就是活動本身就是在與人打交道，所以，只要你懂得換位思考，設身處地為你的粉絲考慮，多傾聽他們的感受，敏銳地捕捉他們的反應，你的活動就會越來越具備非凡的吸引力。

第 5 部分　跨界技巧

做任何事都得講求技巧，跨界這件事也不例外。不過，在掌握跨界技巧前，我們還需要考慮一件事就是，一旦在跨界中遇到了令我們困惑的事情，該怎麼辦呢？

本部分起，我們就一起先來探討跨界時最容易出現的幾個問題，之後再來分析遇到跨界危機時我們要如何應對，最後再來跟大家分享跨界時都需要注意哪些問題，以及如何才能有效累積跨界資源。

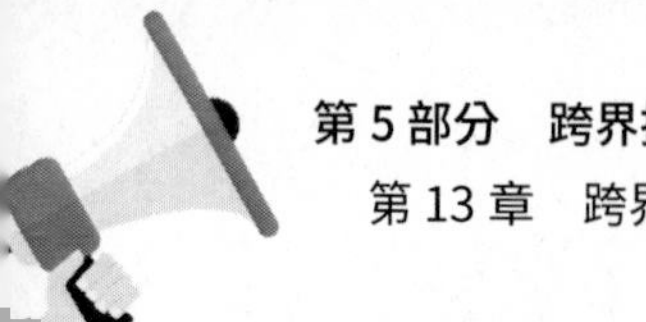

第 13 章
跨界漏洞：出現率最高的六大跨界漏洞

說實話，跨界合作的過程與我們的戀愛和婚姻非常相似。「閃婚」般的快速結合，會在「磨合期」發現越來越多的「新問題」，出現「無心之過」、「利益的觸碰」、「分工的盲區」等一系列問題。

有的人，會在「心如磐石」中沉穩地解決問題，並讓彼此之間越來越默契；而有的人，則走著走著就散了。

為了實現成功跨界，以下是我們需要留意的 6 個至關重要也是出現率最高跨界漏洞。

- ◆ 閃婚契約不牢靠
- ◆ 一不小心搞烏龍
- ◆ 雙方資訊不對等
- ◆ 突發事件利益碰
- ◆ 執行能力不對等
- ◆ 責任黑洞沒人領

13.1 閃婚契約不牢靠

無論跨界的難易程度、影響範圍究竟如何，合作夥伴在快速決定合作之時，就結下了「閃婚契約」。這份契約，無論是書面的，還是口頭的，均有效，合作方都應該為之負責。

而事實是，由於彼此是初次合作，尤其當對方是經由你的 N 層人脈相識，或者剛從陌生結識，感情較淺，且沒有較多社交圈的重疊時，有可能就會出現以下幾種情況。

- ◆ 單方面的毀約。
- ◆ 執行延緩，直至淡忘。
- ◆ 在執行過程中，單方面地提出對方無法接受的附加條件。

13.2 雙方資訊不對等

無論是不是初次合作，我們都無法 100% 地獲取和對方相同的資訊量，這必然會造成合作雙方資訊的不對等。在跨界合作中，我們需要多留意以下事項。

01 雙方在洽談時所提供資訊的真實性

正如我的那個糕點贊助商朋友，她之所以決定不再輕易贊助活動，是因為在和我合作之前，她曾和一家房地產公司有過合作。對方需要糕點贊助，並一再強調參與活動的客群是非常厲害的企業家。基於這些客群的影響力，她按照對方要求贊助了 200 份。

可到現場後，她發現並非如此。她說：「即便是我們家的糕點再漂亮、再好吃，可當時瘋搶糕點的場景，加上與會者的著裝和氣質，還是讓我覺得這些人的素養並不像房地產公司描述的那樣是高端的企業家。」她有種上當受騙的感覺。

因此，了解資訊的真實性，能夠避免不必要的物質損失和精神損失。

02 數據對雙方合作的有效性

有一次，一家做床上用品的企業老闆找到我們，希望能冠名我們的活動。在溝通中，他們非常自信（甚至是自豪）地說，他們一個月的銷量有多少，網路上的粉絲有多少。說實話，數據真的很強大。可是問題來了，他們的銷量是否足以說明他們的品質和服務？他們的粉絲有多少是真正活躍的？對本場活動能提供多大的支持呢？

有時，看起來強大的數據，其實未必能帶給你有效的支持。就像有些社群組織總喜歡說：「我們有 ×× 個社群，有 ×× 個粉絲。」沒錯，這是實力的象徵，但不是實力的真相。有些社群組織成員並不多，但他們的購買力、活動參與程度都遠超那些「看似更大」的社群組織。

因此，不要被表面數據震撼到，要平靜下來想一想，這些數據究竟能發揮多大的有效性。

03 雙方對同一事件的認知是否相同

當對某些事情不夠有經驗時，我們通常會選擇將這件事交給「有經驗」或者「語氣堅定」的人。而他是否真的有經驗，或者這個經驗究竟是否適合當前這件事？他堅定的語氣代表的是真的有把握，還是習慣性的盲目自信？

你一定經常聽到一些人說：「放心，這件事情好解決。」結果卻是「沒想到這麼難處理。」

這其中可能出現的問題就是，雙方之間的資訊不對等。有時資訊不對等是由於對方的故意誇大或者隱瞞導致，有時是由於對方的資訊來源於第三方所導致的掌控不足。

04 是否基於渴望和信任，增加了對合作夥伴的幻想

尤其是當我們終於找到了期盼已久的合作夥伴，或者能夠和一個知名品牌合作時，這種渴望合作的激動，以及基於對對方品牌權威的盲目信任，會導致我們不知不覺地將「幻想」當作「事實」。就像戀愛初期時的「暈船」現象，隨著戀愛進入磨合期，有一些美好的幻想泡沫才被「現實」逐步擊破。

有一次，我們跟合作夥伴合作時，對方說他們有攝影師，我們便沒有另行安排攝影師。結果活動的前一天，我們才知道對方的攝影師沒有攝影設

備，也不是專業攝影師。於是當天我們只能緊急借調攝影設備。設備的主人由於提前有約無法到場，加之合作夥伴的攝影師對借來的攝影設備並不熟悉，結果拍攝的照片沒能達到預期效果。從那之後，一旦對方說有攝影師，我就會詳細詢問他們的攝影設備情況（能拍特寫還是全景），對方攝影功力如何，是否能夠全天專職拍攝，還會查看對方往期的攝影作品。

有的時候，我自己也會如大家驚訝的眼神所傳達的那般，質疑自己是否有必要如此麻煩，但是一次次的經驗教訓告訴我：為了有一個好的結果，前期溝通的麻煩是必須的，因為，你總是會發現，籌備過程如果不麻煩，結果便會很麻煩。

13.3 執行能力不對等

不同人的執行力尚且不同，更何況不同的企業。執行的結果是否如雙方所期待的那樣，的確是存在著諸多變數。

01 接洽人自身的掌控力

我們通常希望與對方有權限的負責人直接對話，但不可避免的是，有時我們不得不先從能接觸得到的層級開始商談合作，這樣就會出現以下兩種情況。

- 如果接洽人自身的權限足夠，那麼活動中所需要的相關資源和支持便得到了更多的確定性保障，接下來考驗的就是這位接洽人自身的統籌和執行能力。
- 如果接洽人自身的權限不夠，需要更高層主管和其他相關部門的支持時，我們就要為變數做好充足的替代方案和心理準備，此時，接洽人自身的溝通協調能力便非常關鍵。

02 接洽人自身的執行力

我非常喜歡那些將事情做得非常細緻、非常負責任的接洽人，和他們合作，總是會讓人多一份安心。他們總是會主動想辦法或者直接引薦更高層的負責人加入，共同推動合作進展，遇到困難也會第一時間用積極的態度解決問題，一起想辦法克服困難。

反之，我也會遇到做著做著就不了了之的合作夥伴，有時，是高層認為暫時不適合合作；有時，是接洽人無法傳達出真正的合作價值，導致誤解。這樣的情況，我自己曾遇到過不止一次，被對方員工拒絕後，與老闆一談，老闆直接大喊：「這是好事啊！」

因此，要搞清楚這份拒絕背後的原因，然後選擇是否要換個方式繼續。同時，這也充分顯示了認識關鍵人物是有多麼的重要。

03 對方企業相關人員的執行力

合作開始後，雙方會加入一些相關執行人和負責人，並建立一個群組方便溝通，而這時恰恰是更多「不確定」因素出現的時候。

有一次，為了支持一位房地產公司的朋友，我們將沙龍地點選在了他們銷售中心的一角，並建立了一個溝通群組。當時現場需要製作一個背板，為了降低溝通的誤差，我直接用 PPT 做了一個簡潔版的設計畫面，標註了色號、字體、主題字的高度，製作公司只要將其轉化為正確格式，並加上雙方的 LOGO 即可。

朋友將 PPT 發給了他們長期合作的一家製作公司。一天後，設計圖被發到群組裡確認，設計師說：「沒有問題的話，我就讓他們製作了。」

我的同伴為了鼓勵對方，在群組裡回覆：「很好看，辛苦了。」我也跟著回覆：「辛苦了。」不過保險起見，我下載了原圖，想再查看一下細節，結果嚇到我了。

我趕緊在群組裡回覆：「等等，先別做。」

我發現，在畫面的左上角有他們的一個 LOGO、我們的一個 LOGO，右上角還有一個他們的 LOGO。整個畫面實際製作尺寸長 8 公尺、高 3 公尺，而左上角的 LOGO 竟占據了圖片的一半長度，按照比例算下來，就是說 LOGO 實際長 4 公尺！我瞬間驚出了一身冷汗。LOGO 太大了！豈不是喧賓奪主了嗎？

我趕緊用語音加文字兩種方式告訴他們，建議所有 LOGO 並排放在一側，我們的 LOGO 可以放在後面，但總長度不能超過畫面的四分之一，然後在語音中解釋了原因。

在我們的印象當中，設計公司的設計人員理應比我們更為專業。所以，我們有時會想當然地完全信賴對方，但實則卻不盡然。

多年前，我曾負責印製過上千份有創意的折疊宣傳冊，就是因為過度信任而沒有提前讓對方做樣品，最後印製出來的字有點大，失去了宣傳冊原有的精緻。那次的失誤，我始終銘記在心，同時也讓我意識到，企業的品牌再響亮，員工的經驗再豐富，都無法代表當下執行人員的行動力完美無缺。

因此，在跨界合作時，務必要細心、細心、再細心，盡可能地減少跨界的漏洞。

13.4 一不小心搞烏龍

有一次，活動中大螢幕播放畫面的設備只能連接蘋果電腦，執行人員好不容易帶去了一臺，卻發現依然不能用。為什麼呢？因為這臺蘋果電腦已經將作業系統換成了 Windows。

又有一次，贊助單位的送貨人員送到活動現場的產品整整少了兩大箱，經過確認和協調，隔天一大早，對方才又辛苦地補了過來。還有一個蛋糕的贊助商不辭辛勞地把幾百罐非常好吃、顏值又高的罐裝蛋糕送到活動現場，就在他興致勃勃地準備邀請大家品嚐時，突然一驚：「天啊，好像忘記帶湯匙了！」

除此以外，還有太多「一不小心」造成的疏忽，事後聽起來都是些有趣的、可以一笑而過的小事，但在當時卻足以引出一身冷汗。

在活動開始前，一定要細心地做好各種準備（嗨，這句話你一定聽得耳朵都長繭了吧，可是為什麼還是會出現各種烏龍事件呢？），對此，我有一個非常有效的方法，就是前文中提到過的「導演模型」。以分享型論壇為例，我們可以站在主辦單位、志工、講師、嘉賓、重要來賓、合作夥伴等視角，在腦中像看電影一樣把活動過程從頭到尾細細地順過一遍，如此一來，就能快速地查漏補缺，並將不同角色之間的關聯互動整理得一清二楚。

即便如此，現場也是充滿變數的，當然，這也是線下活動的魅力所在（哈哈，笑著接納並且當作一場闖關遊戲也不錯）。若沒有做好相對充分的準備，我們就會面臨大量的「我的天啊！」「沒想到！」「居然是……」「怎麼是這樣？」等一系列千奇百怪的狀況。因此，我會要求我們的執行人員在活動開始前一天，所有準備工作都要就緒，絕對不能有「活動開始前再準備」的想法。因為，多年的經驗告訴我的是，活動開始前，一定還會有更多的「驚喜」讓我們驚訝和猝不及防。

不過，別擔心，放平心態，一切都能解決。相信我，這正是我們擴大舒適圈和提升能力的重要時刻。而且你會發現，處理緊急事情的能力提升後，你會在面對突發事件時更有自信，更有定力，也更加遊刃有餘。

13.5 突發事件利益碰

對於合作內部的利益衝突，我們可以透過溝通和讓步來解決，但如果是遭遇外部的突發情況或者意料之外的事情呢？就像舉辦線下活動時，預估現場會來 200 人，結果報名了 368 人，那麼多出來的這 168 人怎麼辦？是直接拒絕嗎？如果都同意參加，那多出來的這 168 人所對應的伴手禮、現場茶水、座位等該怎麼辦？誰來承擔多出來的這部分費用開銷？

這些都是我們在實作中很容易遇見的相當現實的問題。一般情況下，我會和贊助商提前預估到場人數的範圍，並一起協商是否按照 1.2 倍，或者 1.5 倍的數量來預留禮品，而對於非常容易採購的或是贊助商自己的產品，會約定在報名截止前的幾天內將所需數量告訴他們。

即便如此，如果所需禮品還是超出了預估，這時又該怎麼辦呢？一般會用以下幾種方式來處理。

01 原合作夥伴增加禮品數量

可是，在追加禮品的時候，如果禮品庫存不夠呢？那就尋找替代禮品。但又怎麼解釋來賓獲得的伴手禮不一樣這件事呢？那就根據人數和身分、性別、年齡等因素，或者增加個有趣的環節，設置一個很棒的理由，讓不同的禮物充滿不同的意義。

02 緊急增加新的合作夥伴提供支持

當然，這必須要我們日常有一定的資源備案。與此同時，要給予與對方相應的回報，甚至更多的行動來表達對對方緊急支持的謝意。當然，我遇到過許多不求回報，只希望當時能幫我救個場的朋友。對於善良的他們，我們一定要銘記在心，日後狠狠地感激。滴水之恩，湧泉相報，不只是一句話，一個態度，更是一種行動。

03 主辦方支出額外成本

有些意料之外的突發事件只能增加額外成本。例如，換到更大的場地，支付更高的場地費；茶水贊助商突然出事（就像前面第 12 章中提到的那位老闆，外出採買材料時車子打滑，整個人被甩進了車底），來不及更換新的合作夥伴，最快速的解決方法就是直接採購其他現成的茶水點心。

其實還有許多其他的處理方式，在這裡我想表達的一個核心是：我們的確無法在活動開始前，將所有的問題考慮周全，只能「盡可能」地考慮周全。我感受非常深刻的是，問題不是不可以解決，而是要不要解決，以及如何解決。

我自己的方法一直都是：A 路不行，走 B 路，B 路不行，找 C 路，如果實在沒路了，考慮調整目標。在沒有嘗試之前，不輕易為自己找藉口放棄。不是我有多堅強，而是我們總是會需要為一些人和事負責。

總之，突發利益衝突之時，首要原則是：確保合作的正常進行，且優先保證參與者的體驗感。在此基礎上，雙方做對應的讓步和調整。

但凡事總有例外，不是所有的合作都是一帆風順的，如果合作方不配合（或無法配合）呢？如果突發事件變成了一場你和粉絲之間的信任危機呢？這時你該怎麼辦？我將在下一章講述兩件我親身經歷的危機事件，以及兩個核心處理原則。

13.6 責任黑洞沒人領

「這個東西準備好了嗎？」

「不知道啊。」

「誰負責準備這個啊？」

「開會的時候沒提到呀！」

這樣的對話你熟悉嗎？越是大型的合作，細節越是繁多，越是會發生工作分配不清楚的情況，由此就會引發責任黑洞。通常，事後補救的一種方式是看這個事情屬於哪一個大的組別，由組長來認領；還有一種方式是誰有能力和餘力完成，誰主動來承擔。

一旦出現諸如「我們做不了」和「我們也做不了」的情況，考驗的就是雙方的責任心和變通力了，更有責任心的人會想盡各種辦法解決這個問題。

如果在合作的過程中，我們發現有一個人總是在關鍵時刻衝在前面想辦法解決問題，我們一定要好好珍惜他，這樣的人值得我們深交。

總結一下：

雖然這 6 種類型的跨界漏洞時常發生，但只要細心察覺，我們還是能夠盡量避免的。同時，這也考驗了我們每個人的細心、責任心、耐心，同時，大家在這個過程中的表現，也幫助我們鑑別了哪些是值得深交的跨界夥伴。

第 14 章
跨界危機：如何從意外崩塌的危機中逆轉翻盤

一旦跨界的漏洞沒有被提前捕捉到，便很有可能演變為跨界中的危機事件。

有一次，一個朋友讓我幫忙為她的一場瑜伽活動徵集 20 名參與者，同時她還為大家準備了禮物。我在我的社群中迅速徵集到了 20 人。沒想到活動開始前兩天，朋友卻突然吞吞吐吐地告訴我說，瑜伽活動沒有辦法如期舉行了。

我感到事情不妙，於是追問活動是延期還是取消。朋友說了實話，說她的主管突然決定取消活動，得知消息的她一再告訴主管粉絲已經招滿，這樣做不僅會失信於粉絲，也沒辦法向積極幫助他們的我交代，說不定他們以後再有緊急情況就不會有人樂意幫忙了，即便如此，朋友的主管也沒有改變決定。

朋友再三向我道歉，說她很無助也很無奈。但是，面對粉絲的信任，我卻不能「言而無信」。要知道，有些變化，到我們這裡就應該是終點了，因為我們是負責人，過濾變化，就是負責人這個「沙漏」所要做的事情。於是，我找來了瑜伽老師、瑜伽場地，並找其他熱心的朋友贊助了部分禮品，一切如最初承諾給粉絲的一樣，活動最終如期舉行。

朋友說：「其實你直接告訴大家原因就好了，何必自己這麼麻煩，你又沒有任何收穫。」

我說：「是的，也許告訴大家後，基於平日裡大家對我的信任，他們會諒解，但是少不了心裡會有失落感。無論原因多麼值得原諒，我們失信於人卻會成為事實。何況，還沒有到不得不取消的地步嘛，我們跨界圈裡這麼多朋友都是很樂意『給』的。」

14.1 處理跨界危機的 2 個核心原則

沒錯，跨界的核心能力就是「給的能力」，核心精神就是「給的精神」，這種跨界文化，再一次在危機發生時造成了雪中送炭般的重要作用。

在跨界過程中處理危機事件時，我們有兩個核心原則：① 完美執行。② 客戶滿意。

如果我們透過一些努力，能夠將事情按照既定計畫完整地執行下去的話，那我們就要努力按計畫進行。因為粉絲的滿意度是最重要的事，如果計畫被迫必須改變，那麼更要將客戶滿意放在第一位，在第一時間做出調整性的方案，以客戶需求為首要核心，考慮到客戶的情緒，洞察客戶的內心想法，找到替代方案，甚至必要的話，要全力地做出彌補。

當然，在具體操作的時候，這兩個核心原則會遇到一些實際問題。例如，合作雙方中的一方不願意執行了，或者無力執行了，那麼由誰來保證完整地執行？另一方是否願意來執行？

就像上面那個事件中，如果我也沒有努力去尋找資源來提供替代性方案，勢必會造成信任的喪失。

有一個更加殘酷的事實是，許多客戶或者粉絲莫名其妙地就離開了、不喜歡了，一切都是悄無聲息的，極少會有人專門跑來告訴你：「我不喜歡你了，因為你上次言而無信。」大多數的人（尤其是他們還是曾經信任你的人）會這樣告訴你：「啊，好遺憾啊，那就以後有機會再參加你的活動吧。」然後，這個「機會」就從 100% 降低為了 50%，甚至更低。50% 的意思就是在粉絲的心理上，從爭搶著參加活動變為了觀望和猶豫，你們之間的信任契約、守時契約已經被打破，後續再做活動的時候，粉絲放鴿子的機率也極有可能會增加。

再如，替代或者彌補方案中，如果需要雙方額外付出一些成本，由誰來

承擔？坦白說，就像交通事故的責任認定一樣，誰的責任大，誰負責的就會多一些。但新的問題來了，如果責任較大的一方無力承擔，或者時間上來不及完成，該怎麼辦？如果責任不是雙方的問題，而是第三方的因素或者不可抗力，這個責任和付出該如何平衡？

其實，還是要以跨界危機處理中的這兩個原則為主，即完美執行、客戶滿意。一切以最終的目標和初心為標準，雙方一起努力。你做不了的我來做，你來不及的我來分擔。但是，這可能會產生一個新的問題，那就是為了「照常進行」或者「客戶滿意」，雙方的付出會出現不均等甚至嚴重失衡的情況，這時又該怎麼辦呢？

14.2 面對跨界危機時的 3 種思維方式

此時，我們需要具備以下 3 種思考方式。

- **接納事實**：為了維持客戶滿意度或者為了避免信任危機，心甘情願地付出一定的時間、資源、資金成本，從整體和全局角度出發，而非對比雙方的付出程度。
- **事後算帳**：做出調整方案時，雙方協商好待活動如期完成後，內部做個補償。
- **情感預存**：這一次你的慷慨、負責和仗義，一定會在對方心中留下深刻的印象；這一次你大方的伸手幫對方化解了窘境，十有八九他會感恩在心（或者心懷愧疚）。總之，這就相當於，你為你們之間的情感帳戶預存了一筆會自動升值的基金。

你看，一切都是以完美執行和客戶滿意為優先，其他的問題都排在後面。這就是跨界合作的核心，也是處理跨界突發事件的行為準則。太多的經驗和事實證明，輕易放棄、言而無信、不顧粉絲體驗感的人或者品牌，會逐漸被大家遠離。而臨陣脫逃、不負責任的跨界夥伴，也會被大家悄悄地遠離（這個悄悄，就是可能還會偶爾保持聯絡，但是不會再有重要合作）。

14.3 跨界危機事件案例

在遭遇跨界危機事件時，你會怎麼做？

有一件我親身經歷的危機事件，我猶豫再三要不要分享，因為涉及一些內幕和負能量。為了能夠讓大家了解到更多真實存在的危機事件，我決定分享給大家（已對部分身分資料做了化名和適度處理）。

阿紅在一家戶外娛樂公司負責市場工作，她剛從外地調到我們所在的城市，人生地不熟，於是經朋友介紹我們相識，她希望我能幫忙一起規劃夏季開園活動，她想讓更多的人知道這個地方，並希望在開園期間打造爆滿的客流量。

我和我們的副會長一起討論出了一個創意，很快得到了阿紅以及他們公司的一致通過。為了增加曝光度、客流量，我們找到了非常多有名的自媒體，以及擁有龐大客戶群的品牌幫忙宣傳，並推出了親子特惠票價的優惠政策。作為宣傳回報，阿紅答應提供一些贈票給自媒體和品牌的粉絲。

很快，阿紅的總部主管便知道了這件事並誇讚了阿紅，正當他們慶賀活動的效果不錯之時，阿紅接到了一個同事的投訴，並被要求暫停活動。這位同事是阿紅所在分公司銷售部的前輩，負責各個售票管道的銷量，其投訴理由為：阿紅的活動和票價影響到了其他正常售票管道的銷量。

據阿紅說，她查閱了一些數據，發現正常管道售票的銷量幾個月來一直不高，她認為很明顯這是為沒有完成公司任務找到了一個看似「合理」的藉口。為了降低負面影響，經過再三溝通和爭取，阿紅的主管一力扛下責任，這個活動要正常進行，但是原本答應提供的贈票數量要減少一半，票價的優惠程度也有所降低。此時，合作的自媒體、網站、合作品牌等各管道招募粉絲已經持續了 4 天。

問題來了，如果是你，你會怎麼辦？

此處，我們留一個開放式的問題，請在下框中留下你的解決方法（第 15 章中有故事的結局）。

第 15 章
跨界法則：六個不可不知的跨界法則

來，此刻讓我們深呼吸一下……

在整個第五部分，我會分享許多自己親身經歷的、看到的、聽到的那些真實的「危機」事件。它們看起來不夠美好、不夠圓滿，充滿著「天啊，怎麼會這樣！」「居然能這樣！」「這也太過分了吧！」「太不可思議了！」等等這樣的感嘆，甚至有些事情會令人難以接受，或者感覺到一絲灰暗。

但此刻我想說的是：「別怕，別灰心，在這些事件中，我們要收穫的是如何擁有保護力，保護我們的粉絲、我們的客戶、我們的合作夥伴，也保護我們自己。」知世故而不世故，面對紛雜，依然留有一份純真，才是真正的成熟。

接下來，我將與大家分享 6 個不得不知的跨界法則，掌握了這幾條法則，將有助於你更好地實現跨界。這 6 個跨界法則是：

- ◆ 清晰的跨界目的
- ◆ 吻合的品牌期待
- ◆ 豐富的資源人脈
- ◆ 謙虛的跨界姿態
- ◆ 真誠為他人負責
- ◆ 高標準以終為始

15.1 清晰的跨界目的

細心的你一定發現了一個規律：在本書的諸多案例解析中，我們常會問一個問題 —— 做這件事的目的是什麼？身處紛雜的世界中，面對繁多的訊息，我們往往免不了被外物吸引，忘卻初衷。就像故事中那個抓小偷的警察，好不容易追上小偷之後，卻超了過去。

只有清晰了解跨界背後的「為了什麼」和「為什麼」，才能更好地做出決策。前者是目的，後者是原因。做市場久了，容易陷入一種「自嗨」局面，看著某些數據，感覺做得非常不錯，然而，這些數據對大局的某個方面而言是否真的有幫助？這個問題才是核心。

思考下面這些問題：

◆ 老闆要求一個月辦兩場活動，我做了，為什麼公司銷售額還是沒有提升？
◆ 這個活動創意這麼好，為什麼他們不願意一起做？
◆ 我要選擇哪一款產品來贊助對方？
◆ 他的實力和數據看起來真的好厲害，為什麼沒有效果？
◆ 為什麼嘗試了這麼多的活動，消費者還是不買帳？

……

出現這些問題的原因，大都來源於不清楚跨界的目的是什麼。

15.2 吻合的品牌期待

跨界的第二個法則是：吻合的品牌期待。如果我們用剝洋蔥的方法，來看看究竟是誰的（什麼）期待呢？

- 跨界合作雙方品牌的特性和彼此的期待是否吻合。
- 對用戶或者粉絲來講，是否滿足或超越他們的期待。

吻合的品牌期待，有可能是從雙方的品牌類型、品牌功能、品牌形象、品牌調性、發展需求、市場地位、消費者心目中的品牌認知、品牌情感、品牌好奇、品牌建議等方面來結合的。

例如，我們會覺得保養品牌和服裝品牌的結合非常自然，因為它們都具有讓人變美的特性；我們會覺得書店和讀書類 App 結合得非常自然，因為它們都具有個人提升的特性；我們會覺得精緻的茶點和休閒場所的結合非常自然，因為人們都崇尚美好人生。

15.3 豐富的資源人脈

毫無疑問，資源人脈對於跨界的重要性是有目共睹的，它不僅表現在我們是否在想要與某個品牌合作時能夠準確地聯絡到對方，或者在對方可以支持也可以不支持我們時選擇支持我們，更表現在優秀的人脈能夠帶給我們更廣闊的視野和思維，他們的一言一行和思維方式、行事準則傳遞給我們的是無聲的寶藏。

在我們想到一個創意，想要和一個品牌共同實現時，有沒有遇到過以下情況？

第一種情況是，對方說：「你們有企劃書嗎？可以先把企劃書給我，我讓我們主管看一下，然後我們再做具體的溝通。」好的結果是，大概半個月或者一個月過去了，企劃書在改過幾次稿之後終於可以落實了。不好的結果是，然後就沒有然後了。

第二種情況是，我們和對方負責人直接展開溝通，快速地知道彼此的興趣點和需求，明確合作是否可行，然後一起商討創新之處，互相提供資源支持，快速達成合作意向，最後再策劃具體細節方案。

你更傾向於哪一種情況呢？

如果是我，我更傾向於後者。第二種做事方式不僅效率高，更重要的是，在企劃和創意階段就可以直接融入彼此的想法和資源，這非常有助於合作的可行性和豐富性。

與此同時，優秀的人脈能夠帶給我們優秀的思維。想想看，為什麼我們希望認識優秀的人？並不是因為這樣能夠帶來表面的「社交虛榮」，讓我們有底氣去炫耀「你看，我認識 ×××」，而是透過他們的動態，在潛移默化之間，讓我們能夠領悟到優秀的人日常都在關注什麼，他們如此優秀的背後原因是什麼，必要時讓我們能夠有機會向他們請教，接收到智慧錦囊。

我們經常見到一些人在群組裡到處加人，申請好友的備註裡面連自我介紹都沒有，或者加完好友之後就從此沉寂，一句招呼和問候都沒有。

我們不得不重新定義一下，對我們自己而言何為人脈？

如果我們把人脈定義為：那些手機群組裡的人、活動現場的人，因為他們是我們的潛在客戶，那麼，人脈就只是我們的錢包而已。如果我們把人脈定義為：當有好的機會出現時，他能想起你，打電話給你，那麼，人脈就是意想不到的支持。

所以，在群組內加人也好，在活動現場結識新朋友也好，本身沒有好壞對錯之分，重點在於是否在相識之後產生了真正有效的情感連結，是否留下了美好的第一印象，讓對方喜歡上了自己。

沒有喜歡，何來繼續？沒有繼續，何來深交或成交？

15.4 謙虛的跨界姿態

說實話，我所見到的那些非常厲害的跨界高手，都是非常會和別人聊天的，那種自然的氣場能夠讓人感覺到超然的放鬆和舒適，和他們在一起，能夠突然迸發出更多的創意和想法，毫無徵兆的那種。

越是地位高的人，越是親切可人。真正有能量的人，總能夠知道何時該「藏」，何時該「露」。不管合作夥伴的品牌是比我們更強勢，還是剛起步，抑或合作夥伴看起來年齡更小，我們彼此之間都應該用一個平等、謙虛、和諧共贏的姿態交流。這是一份尊重 —— 對對方的尊重，也是對自己人格的尊重。

要知道，現在我們是因為品牌或者公司的合作需要相識，但其實我們交的是對面這個「人」，沉澱在我們人生中的，也是我們彼此之間的共同經歷和情誼。

別人選擇支持我們的首要原因是，他們認為我們值得（被支持）。也許不久後的某一天，我們的事業有了新的方向，對方恰恰就是那個能支持到我們的人。相信我，這樣的事情數不勝數，今日的新朋友，不知在未來的哪一天就會成為自己十字路口的那個貴人。

正如，我自己也想不到，4 年前我業餘經營的社群裡的一個粉絲，是我實現出書夢想的重要紅娘；更令人不曾想到的是，2017 年前參與我舉辦的女性論壇的一位朋友，她現在的事業合夥人竟是她在那場論壇中偶然結識的。

時常聽到有人講：「要管理好自己的人脈，多接觸比自己優秀的人，遠離不如自己的人。」對此我並不認同。如果大家都去接觸比自己優秀的人了，那麼優秀的人也會去接觸更加優秀的人，哪還會理睬我們呢？

如果我們把人根據生命狀態分為高、中、低三個層次的話，我的建議是，和同階的人合作，向高位的人謙虛學習，向暫處低位的人伸出援手。這是具備跨界力的人應當具備的素養，也是真正掌握跨界之「道」的必備精神。

15.5 真誠為他人負責

還記得那個贊助了我們活動的糕點品牌的故事嗎？我們一次面也沒有見過，僅透過一次電話，對方就決定要支持我們的活動，就是因為他們感受到了我的真誠和對他們的負責。

我曾經做過幾次調查，也在同事中發放過匿名評價小卡片來收集我在別人眼中的印象。我很慶幸，多年來，分別有兩個詞是重複出現的，那就是真誠、負責。這也是我想要保持的初心。

在危機出現的時候，如果你的一個合作夥伴依然非常真誠地對待你，不僅不將責任完全丟給你，不施壓，反而非常主動地為你承擔責任，優先考慮你的利益，並利用自己的資源幫你減輕甚至避免損失，請問，你會如何看待這位合作夥伴？你下次還願意和他合作嗎？

反之，你的另一個合作夥伴為了自己的利益，寧可讓你為難，讓你虧損，並在時間越來越緊迫時，對你連環 call，只為保住自己最初的權益。那麼，你會如何看待這位合作夥伴？你下次還願意和他合作嗎？

這兩種類型的合作夥伴絕非杜撰，而是我在上一章跨界危機的最後一個開放式案例中親身經歷過的兩種類型。第一種是我至今的好友許栩，當時她在一家知名汽車服務公司工作，還有幾位是其他公司的負責人。也是從那次之後，我更加珍惜這幾位可信可交的朋友。第二種是一家自媒體的企劃。

除此之外，還有一種情形也是我很感激的，介於這兩者之間。他們選擇了自己解決影響他們的部分，而且對我毫無責怪之意。

那次危機發生時，我剛好在醫院，我努力溝通了一整個下午。隔天凌晨，我向所有相關人員發送了一封真誠的致歉信，並表明了我的立場：我會盡全力與阿紅公司溝通，盡可能為大家爭取最初答應的贈票數量，如果實在未能達成，保險方案是我個人出資為大家購買門票作為贈票，然後我再次對大家的理解和那一週的鼎力支持表示發自內心的感謝。隔天，我逐一電話致歉。就是這一遍的電話，讓我遇到了上述的三種情形。有感動，有苦笑，也有欣慰。

我們要做哪一種合作夥伴呢？決定權在我們自己手上。

15.6 高標準以終為始

2014年，我到了一家當時非常知名的快速消費品公司負責品牌方面的工作，後來由於公司要新設立一個客服部，總經理推薦我去兼管，但需要與總部線上面試。面試結束後，遠在總部的一個曾經一起做過活動的同事悄悄告訴我說，總部主管在餐廳午餐時提到了我的名字，說全部的面試下來，我的表現最好。

原來是因為下面這段對話。

主管問：「如果客戶投訴發生在週末，而當時你又聯絡不到你們部門負責這件事情的員工，你會怎麼辦？」

我說：「當然要第一時間盡快處理。這件事情的重點是在第一時間盡快解決，避免惡化，而不是誰來解決。在我心裡以及我的部門裡，主管和員工是一體的，只是責任不同、分工不同，而非有高低之分。」

現在想來，這正是以結果為導向的工作原則，以終為始，一切以解決問題為首要目標。誰多做一點，少做一點，在結果面前都不重要。

跨界合作亦是如此，尤其是危機事件和漏洞出現之時。

在這第6個跨界法則中，有兩個關鍵詞：一是「以終為始」，二是「高標準」。有時為了達到「完整執行下去」，我們首先想到的便是「降低標準」。想想看，有多少次，我們聽到的一句話是：「哎呀，算了，就這樣吧。」「沒辦法，只能這樣了。」殊不知，在我們選擇放棄時，還有N條路在等著我們，而我們只要肯多去嘗試，是很可能可以實現最初的高標準的。

我們真的可以嘗試一個方法：A路不通，走B路，B路不通，找C路，實在沒路了，再嘗試調整目標，而調整目標是沒有辦法的辦法，是最後的選擇，而非遇到困難時的第一選擇。

我們的能力和能量就是在一次次的磨練中成長的，而你給他人留下的印象，也是在一次次的共事中滲透在大家心裡的。

總結一下：

在這一章中，我們分享了 6 個由實戰經驗而來的跨界法則，我相信在閱讀每一個故事時，你的腦海中會出現某些畫面和想法。相信我，只要你秉持著「給的心態」，並盡可能地遵循這些法則，你就能收穫到更多的不可思議。

第 16 章
跨界雷區：這六個雷區千萬不要踩

跨界法則從正面告訴我們應該如何去做，接下來，還有 6 個雷區，請一定不要踩。

- 有色眼鏡，認知失衡
- 漠視關聯，忽視細節
- 事實失真，信任危機
- 出爾反爾，口碑危機
- 關注自己，不顧他人
- 只顧眼前，不看長線

16.1 有色眼鏡，認知失衡

酒司令的克總曾經告訴過我一個他的故事。

他的一個客戶，將合作的後續執行工作交給了一個剛畢業兩年的小女生。這個小女生對克總和克總的員工說話總是相當不客氣，在她眼中，克總是服務方（乙方），她們是出錢方（甲方），乙方就必須順著甲方，甚至一些能簡化的事情也變得非常複雜，致使雙方合作起來很不愉快。

有一次他和這個小女生聊了幾句真心話：「我說幾句我的想法，你聽聽看有沒有道理。你一直這麼努力，這麼辛苦，就是希望以後事業發展得能越來越好，對吧？我們說句實話，一個人在一家公司的時間有多長，每個人不一樣，不過有一種可能是，幾年之後會選擇換份工作。即便不換，你看，我比你年長快 20 歲，在社會上也還有些資源，你以後有哪些需要支持的地方，說不定我能幫到你呢。在社會上啊，就是互相支持，互相幫助，多交一個朋友總是好的，你說呢？」

克總說從那之後，那個女生再也沒有刻意為難過他們的員工，現在像一個妹妹一樣常和他談心。

在我們認知不夠成熟的時候，會陷入「先入為主」、「虛榮心爆棚」的陷阱，尤其是面對有求於我們的人，常常不由自主地感覺「我很重要」「他需要我」「他沒我不行」，於是，突然之間自信心爆滿、強勢、傲慢、冷淡、高冷、嚴肅等心態也就隨之而來。

這些狀態，你熟悉嗎？

事實上，我們根本不知道今天遇到的這個人，在未來的某一天會對我們產生多麼巨大的影響。

從今天起，不要小看身邊任何一個值得尊重的人，包括那些此刻非常需要和我們合作的「乙方」，更不要再對當下具有某些標籤的人嗤之以鼻，不要戴著有色眼鏡去看他們。例如，非常辛苦的業務員、熱心的保險人員、快遞人員……現在這個時代，越來越多的人從事著第二職業、第三職業，我們所看到的也許只是他們的冰山一角。

16.2 漠視關聯，忽視細節

《逆風優雅》的作者分享了她在為娛樂圈籌備各種盛會時，會特別注意明星座位的安排。她不僅要考慮每一個人的身分，還要考慮到誰和誰坐一起更融洽，誰和誰不能安排在一起。她把很多細節都做得很到位，很多明星都是她的貼心好友。

這就是細節的力量 —— 帶給我們正向的圓滿，或是負向的遺憾。

跨界的創意是否可以實現？八大平衡關係中是否還有沒被照顧到的地

方？粉絲的體驗感如何？主辦方是否提前親身感受過細節？別人成功的跨界案例，我們在借鑑時是否有哪些環境、背景、資源、時間、地點、人群等細節的不同？

那些我們以為的、我們不曾預見的事情，都有可能在意想不到之時為我們帶來「驚喜」，從而影響整個結果。重視有關聯的資訊，重視有可能發生的風險，覺察有可能未被想到的漏洞，才會讓我們離圓滿更進一步。

16.3 資訊失真，信任危機

一天，姐妹曼麗問我是否認識具有某個資源的人，我問她，琳琳不就是做這個的嗎？琳琳和曼麗也認識，可是曼麗卻搖了搖頭，告訴了我一件事。

她說有一次，她約琳琳到她的好友郭總的咖啡廳去玩，並且介紹了郭總和琳琳認識。談話間，琳琳說她之前在電視臺工作，郭總便順著話題和她聊了一些電視臺的事情。分開時，郭總把曼麗留了下來，跟她說了幾句悄悄話：「這個女孩你了解得多嗎？」

「還好，剛認識沒多久。」

「我有個建議，你可以聽一聽。你跟她接觸的時候，要多注意，她的話很多都不真。」

曼麗目瞪口呆，一臉驚訝。原來，郭總在創業開咖啡廳之前，在琳琳提起的那家電視臺工作了十幾年。

郭總問琳琳：「你認識張導嗎？好久不見了，也不知道他現在在忙什麼。」

琳琳說：「認識啊，張導和我關係蠻好的，他現在還是老樣子。」

然而真相是，電視臺根本沒有張導這個人，這是郭總杜撰出來的。

一旦失信於人，就很難重新挽回原本的信任。

合作中被誇大的那些數據、被隱藏的那些事實，終有一天會被知曉。跨界合作推崇的是真誠、善良、美好的合作，而非爾虞我詐的「戰場」，這裡容不得半點虛假和僥倖。正所謂：圈子不大，一臭滿街。

16.4 出爾反爾，口碑危機

在一次活動中，我的一個好朋友向我推薦了她的攝影師，誇讚他拍得好，希望能多幫他引薦更多的案子，如果我有需要也可以隨時找他幫忙拍。

那次見面後不久，我主辦了一場公益活動，來賓都是非常優秀的女性。按照我們往期的經驗來看，只要他拍得好，一定會收穫一大批的女粉絲。於是，我特別邀請了這位攝影師，希望能帶給他一批潛在客戶。他很高興，並且願意義務支持。對此我也特別感動和感激。

但問題來了。

活動前一天，當我再次確認並提示活動當天的細節時，他卻回覆說：「我明天去不了了，這邊接了一個案子，明天得去那個活動現場。」

還好我習慣提前將所有細節再做一次確認，否則，我只有在活動開始前才會發現被這位攝影師放鴿子。我趕緊找了其他的攝影師救場，而這位攝影師，我從此再沒有約過他，更不敢將他推薦給我的任何一個朋友。

出爾反爾，會讓一個人從此在信任名單中被抹去。

「如果真的臨時有事怎麼辦？」

倘若我們真的遇到了不可抗力因素無法兌現承諾，至少可以選擇真誠道地歉，並留足讓對方補救的時間；或者我們可以主動為對方提供一個替代方案，不至於讓對方過於為難，無路可走。

如果你是那位攝影師，一邊是答應過的義務支持，另一邊是有收入的訂單，你會怎麼做？

如果是我，我會這樣做：按承諾的先後順序來決定，我會推掉後來的這個有收入的訂單。如果必須推掉前面的約定，那就提前告訴對方無法兌現承諾的緣由，並真誠地道歉，並為對方提供力所能及的解決方法。例如，私下與自己的攝影師朋友溝通，由朋友代替自己去完成拍攝工作，確保不影響活動，或者提供一些攝影師的聯絡方式，由雙方具體洽談。

這個邏輯，我在幫助公司進行縮編時曾用過，效果很好，我管理的兩個部門是唯一沒有抗議的部門。

回到本節主題，請一定要做個守信用的人，出爾反爾的雷區一定不要踩。由於篇幅原因，還有許多真實故事無法一一描述，但請記得，這個雷區的爆炸效果出乎你的想像，不僅炸得到對方，也炸得到自己。

16.5 關注自己，不顧他人

你知道嗎，許多人在洽談跨界合作中，都非常容易犯一個錯誤，而這個錯誤會直接導致對方拒絕合作。這個錯誤就是：只關注自己。

想想看，在洽談合作中，對方與你侃侃而談，一直講自己的企劃多麼好，市場多麼需要，創意多麼新穎，多麼有前景……

你點點頭說：「嗯，看起來不錯。」

下一句，你在心裡說的可能就是：「但是這跟我有什麼關係呢？」

這就是許多合作洽談中，一方熱情似火，另一方卻冷若冰霜的原因。你的故事很精彩，但別人根本沒在故事裡。因此，在跨界的第 3 個步驟 —— 找到並成功說服中，有一個雷區一定不要踩，那就是，只關注自己，忽視了他人。

- 不要忽視他人當下的狀態。
- 不要忽視他人的參與感。
- 不要忽視他人的需求和收穫。

多關注對方的需求，我們才能收穫良好的關係。留下良好的第一印象的祕訣，就是關注對方的需求。

16.6 只顧眼前，不看長線

跨界的第 6 個雷區與我們的視野有關，那就是 —— 只顧眼前，不看長線。這個時代，大多數的人都在飛速成長，若我們的眼界不變，落後的將會是我們自己，同時我們也會錯過非常多有潛力的、優秀的合作夥伴。

01 選擇合作夥伴時

▶ 不要只看對方當前的實力，更要看到對方的潛力

左岩在她的書《岩色》中，曾提到她的一位朋友說的話：「我為什麼要紅，就是希望有一天我紅了，不是別人跟我說『你不要來』，而是我有權利說『老娘不去！』」在聚光燈下，太多的人都在努力著，而那份追逐或許只是為了一個說「No」的權利，與金錢無關，只是關於夢想，關於尊嚴。

有一件很恐怖的事情 —— 我們心中存留的對某一個人的認知，從我們轉身與他分別之後便開始發生變化。我們根本不知道轉身之後的下一秒、下一天、下一週、下一月、下一年在他的身上發生了什麼，也不知道他在我們不知道的日日夜夜又在如何的努力著。

但我們習慣性地保留了對方上一幕的印象，習慣性地認為他還是上次的那個他。

這個世界始終都在運轉，時間在以它的方式向前走著，自然界的萬物在以它的方式自然生長著，我們身邊的人也在以他們的速度變化著。所以，不要輕易拒絕一個暫時實力不如我們的人，不要輕易對一個人的最新動態吃

驚，更不要對他巨大的變化產生懷疑。人，都會向前走。而終有一日，那個我們曾經看不上眼的小傢伙會令人刮目相看。

▶ 不要只看任務清單中的計畫

我知道負責人都是非常忙碌的，他們每日、每週、每月的任務清單都很長，於是，當有一些清單之外的機會來臨時，他們通常會以「忙不過來」、「沒有這個計畫」來回絕。

我曾聽到有的市場負責人抱怨：「沒辦法，這是年初就定下的，不管怎樣還是得做啊。」

為什麼？身為負責人，決策權在你手中。試問，誰能夠在一年前就能準確預知未來一年的各種變化呢？與其被「習慣性的執行」蒙蔽了判斷，你其實可以試著大膽地停下來對自己說：「是時候做出調整了。」

02 危機出現時

阿紅故事中的那次危機事件發生至今，我和那幾位朋友關係一直很好，他們所表現出來的智慧和胸懷讓我銘記於心。他們並沒有只考慮眼前要如何面對減少的贈票而向我施壓，而是關注到我是否值得信任，未來是否要繼續合作。

把注意力從關注當前的危機當中跳出來，將眼光放長遠，這個危機當中也許蘊藏著一份非常棒的禮物，也許它能成為一個難得的機會，也許它能為我們帶來此生重要的貴人（具體詳見第 17 章中的「危機衝突中也藏著你的貴人」）。

03 制定市場決策時

曾經在一家知名網路公司任職時，我特意將近 10 年的該品牌和同行品牌的市場數據做了一個分析，在趨勢圖中，我看到了以下兩個現象。

◆ 該品牌雖然一直處於行業第一的地位，但是與其他品牌的差距越來越小，尤其是近幾年差距的縮小速度非常驚人。

◆ 在個別認知、個別地區的市場占有率方面，該品牌已被其他品牌超過。

我嗅到了危機的味道，於是跟總部負責全國市場的主管溝通了我的想法，一是希望能探討出一些有效的應對方法，二是希望能聽取一些建議。

然而我得到的回應是：「我們現在依然是領先地位，你要把工作的注意力放在你手頭的工作上，我們現在還有這麼多的案子要做，你考慮這些有用嗎？」

我被這頓責罵驚呆了，無聲地苦笑了一下便「乖乖地」結束了通話。

我大概不是一個輕易放棄的人，思前想後，我找到了我的直屬主管，拿著我們區域中 7 個城市的數據，向他一一分析我的想法，並提出了我們需要做出的改變。幸運的是，有這位主管的支持，我大膽地在我們區域內開始嘗試改變。事實證明，這些改變在幾個月後呈現出了很好的效果。

有一個部門經理說：「一直都覺得公司需要做一些改變，但是公司中沒有人敢做，也沒有人願意做。其實，我很想像你一樣活得精彩一點，做一些成績出來的，但是又不敢。」

這個世界上，有太多的東西不是我們不知道，也不是我們想不到，只是我們沒有去做罷了。

抬起頭，跳出來，看到未來，才能真正看清現在。

總結一下：

在本章中，我分享了跨界過程中最有可能踩到的 6 個雷區，每一個雷都是重磅炸彈，而且後果不堪設想。但與其小心翼翼地避免踩雷，不如提升我們的內在和視野，讓我們自己成為在跨界當中那個真誠、智慧而又有遠見的人。

第 17 章
跨界資源：如何有效累積跨界資源

經常有人問我，怎樣才能為跨界累積足夠的資源。現在我就與大家分享一下累積跨界資源的方法，相信掌握以下 6 個方法，將能夠助我們一臂之力，讓我們快速擁有各類有效的跨界資源。

17.1 成為資源結點

我曾經問市場部的CEO：「你覺得最好的累積跨界資源的方法是什麼？」他說：「成為資源的結點。」

沒錯，我們各地的會長、其他社群組織的發起人、談話類節目主持人、訪談類新媒體主編，都會在工作中結識到非常多的高能量人脈。

想起來多年前的一個朋友，他辭去了一家知名企業部門經理的職位，轉而去了一所俱樂部，擔任創始人的助理，負責俱樂部成員的活動。他說，也許 title 變了，不再有那麼耀眼的知名企業的光環，但是這個工作能讓他的人脈、眼界提升更多。與這些優秀人士的接觸，讓他學到了很多在原先企業裡學不到的東西。

可見，我們可以有意地規劃自己的職業路徑，即使是在傳統的企業，只要有心，依然可以累積優質的人脈資源。如果你可以成為資源的結點，你將擁有越來越多的資源，這些資源將自帶增長因子，不斷地向你靠攏。當然，前提是你喜歡和你需要。

17.2 加入圈層組織

累積跨界資源的第二個方法是，加入喜歡的組織和圈層，成為其中的一員。這是相對輕鬆、快捷的方式。我們只需要符合這些組織和圈層的條件和要求，即可申請成功，這些條件大多為資金、他人推薦、個人身分、行為認同等。一旦申請成功，我們一樣可以擁有這個組織和圈層內的人脈資源。

與作為資源的結點相比，這個方法的不同之處在於：成為資源的結點，我們自己是資源的核心，自帶公信力和向心力；加入現有的組織和圈層，雖然不需要花費組織和管理的精力，但需要嚴格遵守組織的內部規定。當然，我們可以透過一些合理並討喜的方法，建立我們在這個組織中的影響力、吸引力和威信。

01 選擇適合自己的、優秀的組織和圈層

真正優秀的組織和圈層，不是看它有多少個群組，有多少個人，而是看其背後的能量。

02 多參加行業學習交流會

參加這樣的活動，要持有目標地參加，有緣的話，可以結識行業大咖或者偶像。這樣的機會很難得，不要錯過和鄰座與會者交流的機會。如果我們想索要嘉賓的聯絡方式，請務必準備好妥善的理由，並首先讓對方對我們產生好感。

有一個心得想要分享給大家。

之前我看到喜歡的、崇拜的嘉賓，總是心跳加速，猶豫再三，不敢上前交流，更別提加好友了。現在我發現，其實，並不是所有的嘉賓都像我們想像的那樣高不可攀，他們中的大部分人都是很親切、很和善的。當我們透過

眼神、言語、神態非常真誠地表達了對他們的喜歡，他們會接受我們的心意的。尤其是當告訴他們有哪些地方希望能夠再次向他們學習，或者為了感謝在他們身上學習到的內容，我們希望在什麼方面能夠支持到他們時，他們會像朋友一樣心懷感激。在獲得他們允許的情況下，我們就有更大的機會在現場加之為好友。當然，要珍惜，不要無端打擾。

03 說服老闆讓自己多參加會議，主動承擔出席的相關工作

你要努力說服老闆多帶你參加各種會議，在你的能力被認可時，老闆會嘗試要你代替他出席部分場合，這樣，你便可以提升社交能力、眼界和人脈。

你需要提前了解會議的內容、參與的嘉賓、老闆出席的目的和需要，以「幫助你的老闆」為首要目標，切忌主次不分、喧賓奪主。換位思考一下，如果是你帶了一個下屬參加某個會議，你希望他如何表現呢？

04 另闢蹊徑，跨行尋找

大多數時候，我們都喜歡直接加入某個行業協會，可如果這樣的行業協會很難申請，或者部分條件你達不到，又該怎麼辦呢？

跨界尋找 —— 分析一下我們想要累積的人脈資源有哪些標籤和特徵，不僅要關注直接標籤，還可以關注他們的第二標籤。

例如，學習生涯發展的人，大多是 HR、心理學愛好者、創業者；沙漠徒步愛好者，大多是在某些領域中極具毅力的成功人士；喜歡聽正面教育課程的人，大多是講師和孩子家長……

換個角度，我們一樣可以累積想要的跨界資源，優點是在與他們的相處中，我們多了一方面的共鳴，缺點是這種方式不夠直接，需要一個篩選的過程。

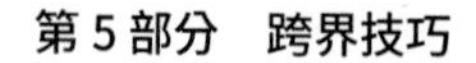

17.3 自建資源林子

如果加入已有的組織非常麻煩，你更喜歡自己來主導並服務大家，那麼你可以選擇自建資源圈。自己建立一個符合自身定位的圈層，服務每一個參與其中的成員，同時也幫助了自己。

優點是你會在此過程中獲得更多的認可和向心力，逐漸在某個領域擁有個人影響力。

挑戰是你需要付出更多的時間和精力來組織和管理，並要在一定時期內堅持，你需要掌握社群經營技巧、活動籌備技巧、組織管理方法。如果你無法做到，你的社群將很快會被廣告和沉默攻陷。

17.4 帶著真誠，處處皆資源

不瞞你說，累積資源和人脈有時是順理成章的事情，如果過於刻意，反而顯得功利和缺少誠意。想想看，誰又甘願讓自己的某項能力（資源）成為別人的工具呢？助人的熱情和善良與成為工具之間僅一步之遙，關鍵在於是不是雙向的，是否真誠並感恩。

01 每一個面試官都可能是你的貴人

在調查大家心目中「累積跨界資源的有效方法」時，有一位 HR 的朋友說：「面試。」

是的，沒錯。突然想起，我有好幾位曾經支持過我的朋友，都是曾經的面試官，雖然最後沒有一起共事，卻透過面試彼此了解，成了私下的朋友。

每一個人在這個世界上，都是多重身分的交織，此刻的相遇，也許是面試官與求職者的關係，下一刻，也許就是彼此的貴人。

◆ 有一位全國知名的品牌副總裁，在離開企業自己創業時曾邀請我一起創業，對此我感到非常的榮幸。

◆ 有一位知名銀飾品牌的面試官，告訴我買首飾可以找她要折扣。

◆ 有一位知名電器品牌的面試官，直到如今我們都是互相欣賞和彼此認可的朋友。

◆ 有一位稻米品牌的面試官，現在自己在開發田園農莊，在我發動態說「電腦總是黑屏，求幫助」時，他第一時間派員工來我家拿電腦，並在電腦修好後告訴我說，如果我需要場地，他那裡可以免費提供。

……

我一直都很感激在這樣的機遇下，與對方最終成為朋友的那些曾經的「面試官」，因為這份友誼彰顯出一份理性的了解與認可。

02 危機衝突中也藏著你的貴人

曾經在一家公司的時候，由於這家公司的某個單品一日內爆紅，由此招來了不少麻煩，這些麻煩有真有假。公司的要求是零投訴、零負面。因此，一個月內就需要處理上百起大大小小的危機事件，這裡面有真假身分的消費者投訴，有的惡意狀告，有法院的傳單，有超市的下架通知，有小媒體的真假負面消息……

對於一個危機處理零基礎經驗的我而言，那幾個月是我惡補各種法律知識、危機應對技巧、投訴處理方式的「黃金時刻」。是的，不是黑暗歲月，而是黃金時刻。為了找到惡意中傷我們的人，我和同事甚至像「偵探」一樣去尋找蛛絲馬跡，假扮情侶去「跟蹤」。現在想來，很有趣。

我用得最多的方法就是「以誠相待」。「對方」是一個「人」，只要能夠做到適當地「共情」，並真心以待，大多數問題都是可以化解的。我相信人們生而善良，而面對那些以傷害別人為生的人，不好意思，只有勇敢地拿起武器來保護我們自己。

後來，其中一些人成了我日後非常重要的朋友，這麼多年，他們幫助我不少，也許這就叫做「不打不相識」。

03 藏在路上的貴人

總有人問我：「你是怎麼認識這麼多人的？」其實管道很多，今天我想分享一個有趣的管道 —— 路上。

上個月，我在捷運的廣告欄中看到某個學院的一個免費課程的資訊，然後就抱著試試看的心態掃描了 QR code，後來進入了他們的群組。入群後，我做的第一件事就是改了名稱，第二件事就是添加了群主的聯絡方式。

原來群主就是學院的負責人，溝通之後，他用自己的帳號添加了我的好友。那一週的週末，他來到我們的跨界品牌分享會，現在已在和幾個品牌合作。

你看，相遇方式就是這樣看似平淡無奇卻又無比奇妙。

那天晚上，我一邊剝著蝦子，一邊向朋友們談起我們認識的經過，很感慨，幸好他是一位心態開放的管理者，否則大家就沒有這樣一份相遇。

這大概是我的一個習慣，看到未來有可能產生情感連結的人，我都願意走上前聊兩句。

- 有時看到活動中的表演節目夠炫酷，就會在他們表演完後默默地到後臺找他們留聯絡方式，以備日後我的活動所需，他們大多數人也很樂意與我相識。
- 有時逛到一家漂亮的咖啡廳或者花店、書店，我會鼓起勇氣找他們的老闆或者店長聊聊，聽聽他們的想法，當然了，通常大方的老闆和店長都蠻歡迎的。
- 有時看到一場活動舉辦得非常震撼和圓滿，我會去找他們的總負責人聊聊。有一次，我看到他們請的是非常著名的一位主持人，在親眼見證過他在現場的風格和主持功力後，我鼓起勇氣趁他在臺下休息時，跟他簡單聊了幾句，說明來意並互加了聯絡方式。

回憶陣陣襲來，我身邊還有一些朋友是在吃飯時結識的店老闆、旅行時遇到的熱心人、火車站遇到的幫其轉乘的外籍老師、參加活動時遇到的有共同興趣的朋友……

人生真的非常奇妙，我們不知道會在什麼時候遇上未來的貴人，他們帶著光芒，帶著對你的善意和不斷增長的能量，在面試中、在衝突中、在路上、在每一個意想不到的瞬間，與你遇見。

17.5 樹立個人品牌，自帶吸引力

擁有優秀的個人品牌，會讓我們自帶吸引力。就像我們總是渴望結識某些人一樣，也會有很多人渴望和我們相識。

問題來了，相識之後會怎樣呢？我的意思是，是會更加喜歡，還是「見光死」呢？樹立個人品牌的方法，在許多書裡都有分享，大家可以找尋適合自己的方式。在這裡我想強調的是，認知的一致性。

有一次我有幸拜訪了一位非常知名的青年作家，他的文字和網路發聲讓我留下了非常令人尊重和頗具才華的印象，那天聚會上還有他的幾位圈內好友。但在目睹了真實的一切之後，坦白講，我心裡有種淡淡的失落，甚至有那麼一刻，我開始懷疑作家圈是怎麼了。轉念又想到我的其他作家朋友，才開始意識到這只是個體的差異。

那天以後，我與聚會上的任何人不再有聯絡，也開始暗暗下決心，希望自己在臺上或者在文字前留給別人的印象，能夠和真實的我保持一致。

類似的事情不止一件，所以我開始反思，所謂的個人品牌，未必是我們在設計自己的人設時想要別人看到的那些，而是基於他人的真切感受之下的認知總和，前者的吸引力是一時的，後者的吸引力則是深厚而久遠的。而後者需要我們不斷地充實和提升內在。

思考：你要樹立一個怎樣的個人品牌？

17.6 留下求助的印跡

在第 11 章中，我們提到過一種解決燃眉之急的方法 —— 善於發動第二人脈。可是，我們發現，有許多人在被幫助之後，就與他們失去了交集。那些願意主動幫我們引薦關鍵人物的第二人脈、第三人脈，他們其實更值得我們珍惜，倘若你用心去了解，你會發現他們本身就是一個「善良的寶藏」。

我們常說「喝水不忘挖井人，更不要忘了遞給我們鐵鍬的人」，他們就是那位遞給我們鐵鍬的人。因此，記住他們曾經如何幫助過我們，及時地表達感激，並適當地了解他們目前的狀態和需求，了解我們能在何時何處支持到他們，這會為彼此增加交集。

總結一下：

本章中，我們分享了 6 種在日常工作和生活中累積跨界資源的方法，每一種方法都非常有效，你可以任選一種或者幾種，從現在開始，以真誠和「給」的心態為出發點累積自己的跨界資源。我相信你會在不久之後發現自己不可思議的變化，到時希望能收到你的好消息。

附錄

理論模型及工具：

與我相關	八種原生價值
情感連結	十種跨界思維方式
曝光效應	PDCA 循環體系
反曝光效應	拉扎羅關鍵趣味
可視化表達	三種酬賞方式
差異化	SWOT 分析法
出乎意料的驚喜	波特五力分析模型
峰終定律	波特價值鏈分析
剝洋蔥方法	波士頓矩陣
場景化定位	GE 行業吸引力矩陣法
需求認知匹配模型（用戶需求灰盒子模型）	跨界認知塔
上癮模型	十二表格
零售＋ X 模型	八大平衡關係
十個購買動機	4P2C 拍照法則

心理現象：

占便宜心理	鏡像系統
安全感和對比心理	連結與失去連結
害怕失去	恆河猴依戀實驗
多變的酬賞	斯金納操作性條件反射實驗
聚眾效應	

跨界力，比斜槓更斜槓的創新思維：

4 項需求定位 × 認知的 6 層塔 ×10 種必備思維，人脈和資源到手，產業革新不怕沒搞頭！

作　　者：董佳韻
發 行 人：黃振庭
出 版 者：崧燁文化事業有限公司
發 行 者：崧燁文化事業有限公司
E-mail：sonbookservice@gmail.com
粉 絲 頁：https://www.facebook.com/sonbookss/
網　　址：https://sonbook.net/
地　　址：台北市中正區重慶南路一段六十一號八樓 815 室
Rm. 815, 8F., No.61, Sec. 1, Chongqing S. Rd., Zhongzheng Dist., Taipei City 100, Taiwan
電　　話：(02)2370-3310
傳　　真：(02)2388-1990
印　　刷：京峯數位服務有限公司
律師顧問：廣華律師事務所 張珮琦律師

定　　價：375 元
發行日期：2023 年 09 月第一版
◎本書以 POD 印製

國家圖書館出版品預行編目資料

跨界力，比斜槓更斜槓的創新思維：4 項需求定位 × 認知的 6 層塔 ×10 種必備思維，人脈和資源到手，產業革新不怕沒搞頭！ / 董佳韻 著. -- 第一版. -- 臺北市：崧燁文化事業有限公司, 2023.09
面；　公分
POD 版
ISBN 978-626-357-576-9(平裝)
1.CST: 行銷學 2.CST: 行銷策略 3.CST: 行銷案例 4.CST: 創造性思考
496　　112012937

電子書購買

臉書